中華民國中山學術文化基金會中山文庫

內在自衛系統的秘密

趙大衛著

臺灣 學生書局 印行

再版說明

　　中山學術文化基金會爲加強青年及一般國民之通識教育，特於民國八十五年主編「中山文庫」一套，內容以人文、社會、科技爲主軸，邀請海內外專家學者撰寫，計共百冊，每冊十萬字爲度，俾能提倡社會讀書風氣，形成書香社會。交由臺灣書店印行，現該書店業已結束經營，而文庫諸書亦多已售罄。基金會即商請再版印行。本書局在臺成立四十六年，主要以提倡學術文化，建立書香社會爲職志，而文庫之內容簡明扼要，論述鞭辟入裏，必能裨益學林，遂欣然同意陸續規劃發行。爰以再版在即，敘述緣起如上。

臺灣學生書局　謹啟

中華民國九十三年九月

序

　　中山先生不僅是創立中華民國的　國父，而且也是廣受國際人士推崇的一位偉大的思想家。中山先生自謂其思想學說的主要淵源，乃係數千年來中華民族文化的一貫道統。而孔子的大同思想，尤為其終身所嚮往。故中山先生一生欲謀解決的，乃是中國和全世界人類的共同問題。他的思想學說之所以能夠受到各國有識之士的重視，自非無因。

　　蔡元培先生所撰之「三民主義的中和性」一文中，談及古今中外許多思想家和政治家所提出的解決人類問題的主張，大都趨向於兩個極端。例如中國法家的極端專制，道家的極端放任。又如西方人士主張自由競爭的，則要維持私有財產制度；主張階級鬥爭的，則要沒收資本家的一切所有，這些都是兩極端的意見。而具有「中和性」的三民主義，則是「執其兩端，用其中」，主張不走任何一端而選取兩端的長處，使之互相調和。所以蔡先生說：「能夠提出解決人類問題的根本辦法的，祇有我們孫先生，他的辦法就是三民主義。」因此蔡先生一生服膺三民主義，成為中山先生最忠實的信徒。

　　從中山先生傳記中，可知他青年時期所接受的是醫學的專業教育，故對自然科學具有良好的基礎。加以他博覽中國的經史典籍，並精研西方的「經世之學」，所以他的思想學說，實涵蓋了人文、社會及自然科學的各種領域。因而他對達爾文的進化論、馬克斯的唯物史

觀以及西方的資本主義，均能指出其錯誤和偏差。而中山先生一生主張「把中華民族從根救起來，對世界文化迎頭趕上去」。正如孔子一樣，他真正是一位「聖之時者」的偉大人物。

中山先生常言：「有道德始有國家，有道德始成世界」。環顧今日國內則社會風氣日趨敗壞，「四維不張」，人心陷溺，而國際間則爾虞我詐，戰亂不息。在整個世界人人缺乏安全感的環境中，我們更不能不欽佩中山先生數十年前的真知灼見。他這兩句特別重視道德的「醒世警語」，實在是人類所賴以共存共榮的金科玉律，更為一種顛撲不破的真理。今日由於交通及電訊的便捷，有人常稱現在全世界為一「地球村」；但如在此地球村生存的人沒有「命運共同體」的意念，則所謂地球村，僅係一空洞名詞。中山先生所遺墨寶中，最常見者為「博愛」與「天下為公」數字，我們倘能廣為宣揚他這種「為往聖繼絕學，為萬世開太平」的理念，則大家所居住的地球村，將可呈現一片祥和的景象，使人類獲得永久的和平與幸福。

中山先生一生特別強調「實踐」的重要，故創有「知難行易」的學說。所以我們今日研究中山先生的思想學說，似不宜專注於其理論的層面，而應以中山先生思想學說的重要理念為基礎，進而參酌各種學術研究的最新成果，與世界潮流未來發展的趨勢，以及我國社會當前的實際需要，藉使中山先生思想學說的內涵，能不斷增補充實，與時俱進，成為「以建民國、以進大同」的主要指標。

中山學術文化基金董事會自民國五十四年成立以來，即以闡揚中山先生思想及獎勵學術研究為主要工作。余承乏董事長一職後，除繼續執行各項原定計畫外，更邀請海內外學術界人士撰寫專著，輯為

「中山叢書」及「中山文庫」。同時與報社合作，創刊「中山學術論壇」。此外，復就中山先生思想體系中若干易滋疑義之問題，分類條列，悉依中山先生本人之言論予以辨正。務期中山先生思想在國內扎根，向國外弘揚，並進而對促成中國和平統一大業能有所貢獻。

劉 真

中華民國八十三年六月
於中山學術文化基金會

再 版 序

　　生命的世界奇妙、浩瀚、而又深奧，動物為了保護自己，免受入侵病原微生物的侵犯，或內部不正常細胞的干擾，發展出特別的防衛體系，參與防衛任務的分子或細胞非常複雜，但不論是在辨識、或是消除外來或內生的相同病原上，均有特殊的專一性。本書部分是我在中山大學生物學系及生命科學研究所任教時，平常與學生常談到的題材，部分資料也在為高雄師範大學科學教育研究所的研究生上課，或為國科會南區高中生物資優班及教育部國際生物奧林匹亞競賽國手選拔營及培訓的教材，編寫本書時經特別過濾修改，儘量使一般程度的讀者也能夠踏進這個生命體系中的國防禁地。

　　科學家們在生命科學的領域中探索，就好像頑童在漫長的黑夜中追捕螢火蟲一樣，興奮的抓了一個晚上，便以為自己蠻有真理的亮光，沒想到所知道的愈多，就發現自己不知道的也愈多。就像當哈柏號太空船返回地球時，帶回來許多原本未知的宇宙訊息，便有許多科學家沾沾自喜，深深得意的說：「看，我們知道的有這麼多！」但另外卻有一些科學家反身自省後不禁發出感嘆：「僅僅一個哈柏號太空船就能得到這麼多資訊，相形之下，人類所未知的秘密也就不知道還有多少。」

　　生命科學的發展愈來愈快，可說是日進千里，但國內相關的中文圖書，在多年以來「科學中文化」的口號聲中依然跟不上腳步。希望中山文庫的出版，能把這發展最快又和生命息息相關的學術常識，多

多的展現在國人眼前。本書雖然在中山文庫中歸屬科技類，但仍希望能拉近科學與人文的「二種不同文化世界」的差距，成為通俗而人人可讀的書。

　　未來中等教育的生命科學課程中，要求能培養出現代國民所應具備的生命科學素養，了解生命的奧秘，建立生命科學的現代觀，以解決生活中所遇到的問題，並了解其與人文科學的關係。固然我們可由對免疫學的了解，來提供許多人體健康或生病的原因、診斷、治療及預防，但盼望本書的讀者們在讀這一本書時，不但能領悟生命在科學領域中的豐富與迷人，更能重新思考生命的意義在內涵上的奧祕與吸引人。

　　本書原稿承蒙成功大學醫學院辛致煒副教授協助繪圖，美和護理管理專科學校張琪副教授於百忙中協助打字整理，始得完成，特此致謝。

趙 大 衛

民國九十四年元月

目　次

第一章 從前的故事

　　一個人的身體，就像一個國家一樣，需要有一個健全的防衛體系，因爲有許多不受歡迎的入侵者，常分別藉由皮膚黏膜、食物、飲水、甚至空氣侵入我們體內，就像許多病毒、細菌、立克次體、黴菌以及寄生蟲能經由陸、海、空等途徑攻入我們身體一樣；並且這種內在的防衛系統，比起一個國家的防衛體系更加辛苦，因爲敵人在一天二十四小時之中，時時刻刻都有可能不經宣戰就長驅直入我們的身體，它必須時時備戰，並要有能力儘早偵測出任何可能的潛在敵人，在平時又不能把太多的能量及資源消耗在大量的國防預算上，一旦遇上緊急情況，它的動員系統又必須非常有效率，不能等到敵人坐大，否則就要在我們身體內攻下長期盤據的陣地。不但是外患，身體內部還有週期性出現的不正常細胞，也要定期的由防衛系統來移除，否則內亂也好，外患也好，一旦戰敗就要亡國。我們把這個內在的防衛體系，稱爲免疫系統。多細胞生物具有基本防禦系統可以辨別外來的致病物質並消除它們，較高等的脊椎動物已發展出一套先進的免疫系統，不但可以辨識致病菌且可分別對他們產生反應。

　　免疫系統是「脊椎動物」爲了保護自己免受入侵的病原性微生物，或是癌症的侵犯而特別發展出來的防衛體系。爲什麼說是脊椎動物呢？無脊椎動物在體內也一樣有游走的吞噬細胞，能夠清除入侵體內的微生物。但是只有脊椎動物發展出特別的免疫器官及辨識的方

法，而使免疫力能有專一性。參與免疫反應的分子或細胞非常複雜，但不論參與辨識外來病原體、內生性異常細胞，或是消除它們均需要有特別的專一性。

　　雖然在很久以前，就有人注意到生病後康復的人，對同一種疾病會有顯著的抵抗力，但是人類對免疫學真正的認識，還是最近兩百年的事情。在1700年到1800年一百年之間，僅僅歐洲就有六千多萬人死於天花，但是今天這個可怕的疾病，幾乎已經被「種牛痘」這種預防的方法給掃除，我們就從「種牛痘」開始講故事吧。

壹、種牛痘

　　以往大多數的人都有「種痘不得痘」（種牛痘才不會得到天花痘）的個人經驗。但是為什麼我們要種牛痘呢？種牛痘所預防的天花又是什麼呢？

　　天花（smallpox）是一種傳染力極高的發熱性疾病，侵犯人類已經有一段很長的歷史，早在三千多年前埃及的木乃伊身上，就因得過天花而留下疤痕。天花是由濾過性病毒（virus）所引起的，特徵是有水泡及膿皰的潰瘍，而其臨床症狀變化很大，由輕微發燒而不出疹，到迅速爆發之疾病。一般大約在十二天的潛伏期之後，病人就會出現發燒、頭痛、腹痛、嘔吐、背痛、四肢痛及虛脫等症狀，之後病人開始發疹；先在口黏膜，再到臉上、前臂、手上、四肢，接著散佈到軀體上，發疹約九天後，膿皰開始結成痂殼，三週後脫落，在臉上、手臂及腿上留下明顯的皮膚凹疤。

　　眞牛痘(cowpox)本來是在牛群中流行的一種病毒性痘症，症狀極爲溫和，也很容易因接觸而傳染給牧人或是擠牛奶的少女。英國民間早就有傳說，得過眞牛痘的人可以抵抗天花，而英國的琴納 (Edward Jenner，1749-1823)對眞牛痘和天花的實驗，就開始於 1796年5月14日。他先找到一個患有眞牛痘的少女，名字叫做倪莎拉 (Sarah Nelmes)的，由其手部的痘狀病害上取出滲出液，然後轉傳到一位青年，名叫菲力浦(James Philips)的手臂上。大約六個星期之後，再將由一位得天花病人膿皰(pustule)處取出的膿汁直接接種到菲力浦的身上，結果這位勇敢的青年並沒有出現天花症狀。

　　1798年，琴納第一次使用牛痘破滲出的成分製作天花的疫苗，作爲接種之用，但是他當時並不知道在這些滲出液之中，究竟含有什麼神奇的物質，等到整整一百年之後，科學家才分離出第一個動物病毒體。同一年，琴納出版了一本小册子，陳述眞牛痘的性質，以及其如何預防天花痘症。這種用較弱病原體在健康人身上，從而引起免疫的過程，後來就被人稱爲疫苗接種(vaccination)。最初數年，琴納的疫苗接種法受到了許多的阻力和忽視，並包括來自英國皇家學會無情的攻擊，但後來逐漸被人所接受。直至今日，依然是對抗天花的最佳方法。也因爲有這種疫苗接種的方法，在1979年10月25日，琴納死後一百五十六年，世界衛生組織終於宣佈天花絕跡，人們可以不必再害怕天花的威脅。

　　琴納之後，幾乎有一世紀之久，在免疫學上沒有什麼新的進展。主要是因爲在這個時期，對於感染性病原體的認識，才處於啓蒙時期，還不能確定那一種微生物引起那一種疾病的緣故。而天花是個很特殊

的例子，能由不同種疾病病原體的感染，而復原後取得對天花完全的
免疫性。當然，此種交叉性免疫(cross immunity)現在已可用化學
方面的知識予以解釋，可是在兩百年前，這確實是一件令人難以瞭解
的事情。

貳、狂犬病

　　狂犬病疫苗是在免疫學史上另一個偉大的發明，是由於巴斯德
(Louis Pasteur，1822-1895)努力而完成，他原先是一位化學家，
後來轉進生物學的領域內，偶然發現到將致病性微生物減毒的方法。

　　巴斯德對生物學有許多的貢獻，其中最著名的就是用來對抗狂犬
病的免疫接種法。狂犬病也是由病毒所引起，病人發病時首先會四肢
無力、頭痛、喪失食慾，嘔吐、喉嚨緊縮。兩三天後，吞咽受阻、呼
吸困難，進而全身痙攣、狂躁、恐水、心慌意亂甚至咬斷自己的手
指，抓爛自己的皮膚，直到神經麻痺而死，慘不忍睹。

　　巴斯德發現由瘋狗或其他得狂犬病之動物取得的脊髓中，可以抽
出一種物質，將此種物質注射到正常動物，如貓、狗、或兔子體內，
可在這些動物持續傳染狂犬病，但是當時尚無法確證狂犬病的病原體
究竟是什麼。此種受感染之脊髓抽出物質，如置於室溫乾燥幾天，則其
感染性比未乾燥者爲低，經較長期乾燥者，將完全不具感染性。猶如
早期對鷄霍亂和炭疽症的研究，巴斯德很正確地推論：若先注射無活
性的脊髓抽取物，然後依序注射毒性較高的抽取物，最後將能保護接
受此種注射的動物，使之對抗具有完全活性的病原體，即後來所知的

狂犬病病毒（rabies virus）。

　　1885年7月6日狂犬病疫苗第一次用於人類。當時正好有一個名叫約瑟夫（Joseph Meister）的小孩，於兩天前被瘋狗嚴重的咬傷，經過孩子的父母不斷的懇求後，巴斯德同意實施他的治療法。每隔兩個星期注射一次，並逐漸增加脊髓抽取物中的病毒。經過了十二次的注射，在巴斯德極度的擔心之下，這位小孩從瘋狗的咬傷及多次活性病毒的注射中倖存了。

　　幾年後，巴斯德在法國巴黎科學院（Academy of Science）中發表狂犬病預防方法。在接下去的一年之內，巴斯德治療法先後使用於350個病人身上，結果竟然沒有一個人死亡。巴斯德的大名很快的就傳遍了全世界。而巴斯德研究所，在疫苗的製造和研究基金的捐助之下，1887年先於巴黎，然後於歐洲各大城市，及非洲、中南美洲陸續成立，並迅速成爲人類控制傳染性疾病戰場上的一支主力，不僅有病患前來就醫，更有科學家在這裡學習製作和使用疫苗的方法。位在巴黎的巴斯德研究所，至今已有八位諾貝爾獎得主，主要的研究領域爲微生物學、發生學及免疫學。現今的研究所包括研究中心、醫院、圖書中心、教學中心、國際合作中心及一個博物館。這個博物館就是巴斯德當年的故居、實驗室及他的墓穴（地下室），當年爲他所救治而倖存的約瑟夫，就做了研究所的管理員，守衛這個研究所長達半個世紀，直到德國納粹入侵巴黎時，他爲了保護巴斯德墓穴，不容德軍任意進入，而把地下室的鑰匙吞下，終於獻出了自己的生命。

　　巴斯德一生獻身於科學，先是化學，然後是生物化學（biochemistry）、微生物學（microbiology）、免疫學和醫學，這一百年來，

他對科學界的激勵是難以想像的，而他精細的觀察力、做實驗的意志力、和面對未知事物的勇氣，使他獲得了「免疫學之父」的尊銜。

　　除了琴納和巴斯德外，我們也該感謝所有在免疫學上發明類似方法來預防其他疾病侵害而保護我們健康的人，包括使我們不受小兒麻痺感染的美國醫生薩克(Jonas Salk)，他在1954年試驗小兒麻痺疫苗成功，使我們得以免於小兒麻痺症的威脅。

第二章　免疫學的發展與基本概念

　　自從有人類歷史以來，疾病就一直緊緊跟著人類，而人類也一直想要瞭解疾病形成的原因，與對付的方法。一個人生病的時候，一定會問到「我爲什麼會生病？」、「我怎樣才會好？」、「我要怎樣避免生病？」以及「生病爲什麼會好？」等類似的問題。

壹、古代免疫學的歷史

　　在上古時代，人類將疾病當作上帝的責罰、鬼魔的附身或遭仇敵咒詛作怪，每當傳染病流行時，原本好端端的健康人很快就一批批的得病，甚至死去，死去的人不分男女，症狀大多一樣。自有文明歷史以後，古代希臘人認爲疾病是由於人體內體液不平衡而引起的，他們認爲身體是體液(humor)所構成，一旦體液不平衡，人就會生病。而古代的中國人，則早就有利用天花患者皮膚結痂後的風乾粉末，磨成「天花痂皮散」，當作調節性免疫預防的中藥。

　　近代的人認爲生命的主要功能，可以分爲三個方面，就是生長、代謝與繁殖。健康的生命狀態，是在有機功能上，使一個生命體能於環境中繼續生存，並繁衍更多的後代。而疾病的狀態，則是對環境中、或是器官組織中的某些因子無法適應。這說明疾病的產生也包括了在生物個體中的內在因子。

貳、近代免疫學的進展

　　由十九世紀末期起，科學家解答了許多的生命現象，包括疾病的原因及其影響，許多學者都確信疾病能由不同的有害物引起，如：毒藥、重金屬、輻射線、致病細菌、原生動物或寄生蟲，特別在1880年前後，郭霍(Robert Koch)、巴斯德及艾立克(Paul Ehrlich)等人在描述、分類及培養致病細菌及研究與其相關疾病方面大有進展。

　　在十九世紀晚期細胞學發展迅速，細胞性免疫也逐漸被人發現，1883年俄國人梅里可夫(Elie Metchnikoff)發現有些白血球會吞噬微生物，稱之爲吞噬細胞(phagocytes)。他發現這些吞噬細胞，在具有免疫性的動物體內其功能特別強，所以假設「細胞」才是免疫性的主因，而不是像希臘哲學家所說的「體液」(或後來才知道的，其實，二者都對，因爲包括在體液中活動的化學分子，如抗體、補體等）。

　　數年後（1888年）由於使用抗血清(antiserum)可以殺死細菌的發現，使許多學者重新認爲：體液中的可溶性物質(humoral substance)，才是擔負身體防衛系統(body defence)大任的主力。也就是說科學家在此時又改口了，認爲免疫力是由體液性免疫(humoral immunity)所主宰。但是後來的發現證明不論是體液性或是細胞性，二者皆爲免疫必須的反應所主導。

　　從1890年開始，科學家使用抗血清來證明其中含有抗白喉(diphtheria)的物質，可以藉著血液的輸送而到達身體各部位，有中和或沉澱毒素，溶解或凝集細菌的作用，並分別命名爲抗毒素

（antitoxin）、沉澱素（precipitin）、溶菌素（bacteriolysin）及凝集素
（agglutinin）。今天我們知道，這些在當時尚不明白的物質，均爲不
同作用的抗體（antibody），而抗體也由細胞所分泌，能夠以沉澱、中
和、調理或凝集的方式，消除帶有特殊抗原分子的外來物質。到1930
年代，才把血清中能中和或沉澱有毒物質、分解或凝集細菌的東西稱
作抗體，又因抗體常存在於體液中，所以稱爲體液性免疫。

　　在二十世紀中葉，直到1950年之前，「體液學派」的免疫學者始
終佔優勢，在此期間，所有的「細胞性」免疫事件都被忽視。

　　但到了1950年，因爲器官移植的研究與應用逐漸發展成功，細胞
性免疫才再度受人重視，而胸腺（thymus）的重要性亦在此時被發現
（參考表2-1）。特別在近年來，許多種細胞素一一被發現，不同細
胞族群、細胞受器、細胞毒殺作用等細胞性免疫學有突破性的進步，
足以使過去耽迷於不同抗體作用的學者們大驚失色。

表2-1　免疫學研究發展史里程碑

年代	重要發展
1950年代	老鼠器官移植的技術
1960年代	免疫反應的研究
1970年代	主要組織相容複體（major histocompatibility complex, MHC）和外來物結合成複合物的發現
1980年代	抗原的處理與呈現；MHC的純化；發現MHC和外來物的片段結合成複合物來展現抗原
1990年代	MHC結晶構造（MHC crystal structure）由哈佛大學研究人員提出

從1972年免疫球蛋白的化學結構被證實之後，免疫學突飛猛進，終於發展成一門獨立的學問，如今在1990年代，因疫苗科技、腫瘤免疫學、及免疫缺失疾病（特別是愛滋病，AIDS，見第十三章）研究上的發展，而成為一個特別熱門的新興科學。

參、「諾貝爾獎」得主中的免疫學家

在諾貝爾獎得主之中，有許多位都是因為從事免疫學研究而獲獎的，本書僅將其中比較著名的二十幾位，及得獎的主要研究列在表 2-2 中。

表2-2　諾貝爾獎得主中的免疫學家們

年代	得　　　主	國　籍	得 獎 主 要 研 究
1901	Emil von Behring	德　國	血清抗毒素
1905	Robert Koch	德　國	抗結核病之細胞性免疫
1908	Elie Metchnikoff	俄羅斯	吞噬作用(Metchnikoff)
	Paul Ehrlich	德　國	及抗毒素(Ehrlich)
1913	Charles Richet	法　國	過敏症
1919	Jules Bordet	比利時	補體性溶菌作用
1930	Karl Landsteiner	美　國	人類血型的發現
1951	Max Theiler	南　非	黃熱病疫苗
1957	Daniel Bovet	瑞　典	抗組織胺
1960	F. Macfarlane Burnet	澳　洲	免疫耐受性
	Peter Medawar	英　國	

表2-2　諾貝爾獎得主中的免疫學家們（續）

年代	得　主	國　籍	得　獎　主　要　研　究
1972	Gerald Edelman	美　國	抗體的化學構造
	Rodney Porter	英　國	
1977	Rosalyn Yalow	美　國	免疫放射測定法
1980	George Snell	美　國	
	Jean Darsset	法　國	主要組織相容複體
	Baruj Benacerraf	美　國	
1984	Georges Kohler	德　國	單株抗體
	Cesar Milstein	英　國	
	Niels Jerne	丹　麥	免疫調節理論
1991	E. Donnall Thomas	美　國	移植免疫學
	Joseph Murray	美　國	
1996	Peter Doherty	澳　洲	細胞性免疫的專一性
	Rolf Zinkernagel	瑞　典	

肆、免疫性早期的理論

人體之所以會產生免疫性，在早期的理論有兩種：

第一是選擇學說(selective theory)：即一個外來的抗原(antigen)會選擇一細胞膜上的支鏈(side-chain)接受器(receptor)與之結合，如鎖與鑰匙(lock and key)一樣，再釋放出抗體。

第二是指示學說(instructional theory)：即一個抗原當作模子，細胞會分泌不同種的抗體去包住抗原，其中某些抗體能適合此抗

原而將其移除。

　　二者中應以選擇學說「較」爲正確，並在後來發展成株落選擇學說（clonal selection theory），即由一淋巴球生成細胞膜受器（membrance receptor）作爲抗體，可以結合特殊的抗原，結合後可以激發此種淋巴細胞之增生，所生成的株落細胞會具有產生與母細胞相同抗體的能力（詳述於本章之最後）。

伍、防衛體系的種類與特性

　　在人類的生活環境中，有很多病原微生物的感染來源，包括土壤、空氣、水、食物及人、動物接觸等，因此，人體可說是無時無刻不處在微生物侵襲的威脅之中。爲了抵抗微生物的入侵，人體有三道堅強的防線，第一道爲皮膚及黏膜之防禦機構，第二道爲發炎反應及吞噬作用，第三道防線則爲抗體免疫及細胞免疫。根據是否具有選擇性的對抗病原體，大致上可以把這三道防線，歸納成「專一性」與「非專一性」兩大類，其中只有第三道防線是屬於專一性的抵抗力。表2-3爲人體內在防衛系統的簡介。

表2-3　內在的防衛系統

抵 抗 力 分 類	防 衛 系 統	抵 抗 對 象
第一道防線（非專一性）	皮膚及黏膜	無選擇性
第二道防線（非專一性）	發炎反應及吞噬作用	無選擇性
第三道防線（專一性）	抗體免疫及細胞免疫	有選擇性

　　因此，一個入侵的微生物，通常依次經過三道防線的抵抗，首先遭受皮膚及黏膜上之物理或機械性之障礙，以及化學性的抵抗；繼而發生發炎反應，同時白血球亦趨來進行吞噬作用，以消滅病原菌，若是病原菌突破了前兩道防線繼續侵入體內，就需要由第三道防線，即抗體與細胞性免疫來負責清除。

　　換一個角度來說，若依免疫功能發生的專一性來區分，免疫力可以分為自然免疫力（innate immunity）及獲得性免疫力（acquired immunity）兩大類。自然免疫力為非專一性的，即生物對疾病之基本防禦，可分為四種類型：

一、解剖學上的障礙

　　即身體防禦感染的第一線，如皮膚、黏膜可防止病原體進入體內，且因皮膚之低pH值（酸鹼度）使得很多細菌不得生長。此外一些天生防禦機制，如呼吸道上皮細胞的纖毛擺動會將病原體向外掃出，唾液、眼淚、黏液會把入侵者沖走等等。

二、生理學上的障礙

　　包括溫度、pH值、氧氣、可溶物質。如：雞因具有較高的體溫而能防止炭疽病、胃酸使得很多病菌不能生存。可溶物質如溶體酶（lysozyme）、干擾素（interferon，IFN）、補體（complement）等亦提供某些程度的保護。

三、吞噬障礙

　　分為胞飲作用（pinocytosis）和受器主導之細胞吞噬作用（receptor-mediated endocytosis）兩種。

四、發炎反應

　　能造成血流量的增加、微血管通透性的增加及吞噬細胞的流入。

　　人體內在防衛系統的免疫力詳細說明如下：

一、皮膚及黏膜的自然免疫力

　　身體的第一道防線，是皮膚及黏膜的自然免疫力，其防衛的機制如表2-4所列。

表2-4　自然免疫力的防衛機制

	物理性的屏障	分泌化學性的抑菌物質
皮　膚	完整的皮膚是極有效的屏障，大部分細菌都不能穿過。	汗腺分泌乳酸及皮脂腺分泌脂肪酸，使皮膚表面pH值降低，抑制細菌生長。
黏　膜	體表黏膜所分泌之黏液形成一道屏障。	呼吸道分泌液、眼淚、唾液中均含有溶菌酶，可破壞細菌之細胞壁。
	黏液可與病毒競爭細胞表面之受器，使病毒無法進入細胞。	胃酸使胃的pH值降低，並有殺菌作用。
	黏液可以黏住異物，再藉機械性原理如咳嗽、打噴嚏、纖毛擺動將之排出。	尿液是微酸性，能抑制細菌生長。
	眼淚、唾液、尿液之沖洗作用，及腸道的蠕動等。	陰道中有乳酸桿菌製造乳酸，使pH值維持4-5之間，可抑制腸道桿菌的侵入及繁殖。

　　黏膜之自然免疫防衛機制，除了上表所列之外，尚可包括呼吸道、腸道、泌尿道中，有吞噬細胞參與作用，亦可有分泌專一性的抗

體參與。此外,大部分黏膜上均有固定的正常菌叢,可以抑制致病菌的繁殖。

二、發炎反應與吞噬作用的自然免疫力

一旦微生物侵入宿主的上皮細胞,便會激起發炎反應,微生物代謝作用的產物,也可引發發炎反應。發炎反應是一連續性的組織血管變化,在變化過程中會吸引很多吞噬細胞的參與。

1.發炎反應:

在發炎反應的組織變化過程中,因有異物侵入組織,導致一些細胞釋放出血管活化素,如組織胺、前列腺素等,使組織中的小動脈及微血管產生下面兩種反應:(1)血管擴張、血流緩慢,引起紅、熱之感覺,多形核白血球及來自組織的巨噬細胞移出血管,向發炎處移動,並吞噬異物,異物及白血球本身的溶解死亡增加,因而產生膿瘍。(2)滲透性增加,血漿向組織逸出,逸出液中含一些抗菌物質、組織水腫、形成網狀物以限制微生物的擴散並引起腫、痛的感覺。而發炎反應的症狀則包括紅、腫、熱、痛與機能障礙等。

在發炎反應中會引起發熱的作用,是一個極為有趣的現象,引起發熱作用的物質,有內毒素及內生性熱素等(表2-5)。這些物質激活發熱的作用,則受到下視丘的控制(表2-6)。

病毒感染後,亦常會引發發炎反應。與防衛有關的發炎反應包括嗜中性球早期的聚集,可引起局部性氧利用及酸產生的增加,組織中纖維的形成,微血管中之液體快速的移出,最後巨噬細胞及淋巴球在血管外聚集。這些反應,可在細胞的內外限制病毒的散播,稀釋有毒的因子,並提供抵抗病毒之物質。局部組織中有代謝物存積,體溫上

表2-5　發炎反應引起發熱的物質

	內 毒 素	內 生 性 熱 素
來　　　　源	G（＋）菌細胞壁成分	由巨噬細胞單核球衍生
成　　　　分	脂多醣體	蛋白質
化 學 特 性	耐熱	不耐熱
靜脈注射後的潛伏期	60-90分鐘，白血球減少	僅數分鐘，白血球不減少
重 覆 注 射	產生耐受性	不產生耐受性

表2-6　發炎反應引起發熱的祕密

激 活 物 質	細　　　胞	熱 原	控　　制	結果
內 毒 素	顆粒狀白血球			
病　　毒	大單核白血球		下 視 丘	
細　菌　→	巨 噬 細 胞	→內生性熱素→溫度調節中樞→發熱		
類 脂 醇	腫 瘤 細 胞			
抗原抗體複體				

升（發熱），pH值降低，氧化還原電位降低，對許多病毒之複製均造成不利的環境，故發炎的反應對寄主限制感染是有利的，但是過度的發炎反應，卻反而會致病。

2.吞噬作用：

　　當微生物突破皮膚黏膜而進入人體，在專一性免疫力尚未出現之前，吞噬作用是最重要的防衛機制。吞噬細胞如同戍守各地的戰士，特別是巨噬細胞，能把微生物吞噬和消化。

　　吞噬作用中，「附著過程」是吞噬的必須步驟，由於有莢膜的病原菌不會附著在吞噬細胞膜上，故可以抵抗吞噬作用。吞噬細胞伸展偽足包住微生物後，與其細胞膜產生融合而成一特殊的構造，稱為吞噬小體、或吞噬泡（phagosome）。吞噬細胞中存在有溶小體（lysosome），是含有許多種的殺菌物質及分解酵素的胞器，吞噬細胞被活化時，溶小體之數目及其內容物增加，可以更有效地殺死細菌。在溶小體與吞噬小體融合時則形成噬溶小體（phagolysosome），在噬溶小體中，微生物先被殺死後再被分解（詳見第四章）。

3.干擾素：

　　一般認為在寄主抵抗病毒感染時，干擾素系統是無專一性防線中最重要的一員，「系統」一詞乃因為可區分為幾個部分。干擾素是一種病毒感染後，由被感染的細胞製造並釋出的蛋白質，能對某些病毒產生反應。干擾素本身並沒有直接抵抗病毒的作用，但它能和未感染細胞作用，而誘發一種抗病毒蛋白質的形成，此抗病毒蛋白質能阻止病毒專一性的轉錄作用（transcription）及轉譯作用（translation），從而幫助正常細胞抵抗病毒感染。

　　干擾素對病毒的抵抗是廣泛而有效的，但在病群間有程度上的不同。細胞為非致病性病毒所感染之後，能產生干擾素，並保護它抵抗不相關的致病性病毒再感染，干擾素應用在病毒性疾病的預防或治療上很有期望。

　　干擾素是初次病毒感染後，第一種能檢驗出的防禦機制。在最初感染之細胞中，病毒的複製可能並不被抑制，但當干擾素製造且釋出後，會擴散到附近的細胞，刺激它們產生抗病毒的蛋白質。

三、獲得性免疫力

　　獲得性免疫力只針對特定的抗原作用，包括抗體的免疫及細胞的免疫兩類，並具有四種特性：(1)專一性(specificity)：可區別不同的抗原；(2)歧異性(diversity)：辨認抗原的不同構造而產生不同的反應；(3)記憶性(memory)：第二次感染時對相同抗原之病原體，很快發生免疫反應；(4)自體辨認性(self/nonself recognition)：能辨別自體或外來的抗原。

　　獲得性免疫力可以分為先天及後天兩大類，先天免疫是不必經由感染物的刺激便具有的抵抗力，是與生俱來的，但可因下列原因而有不同：

1.生物種：例如麻瘋病桿菌只對人有致病性，對猴、猿猴均不致病；炭疽桿菌可感染人，但因雞的體溫較高而不能感染雞；淋病雙球菌可以感染人及黑猩猩，但不能感染其他動物。

2.種族：例如黑人比白人更容易得散佈性球黴菌病；紅血球表面缺少「達飛抗原」(Duffy antigen)的黑人對間日瘧原蟲引起的瘧疾較有抵抗力。

3.個體抵抗力：即使在同種動物的同一種族內，不同個體對同一種傳染病的抵抗力也有差異。可能由於個體營養狀態、免疫力、曝露於輻射線、服用免疫抑制藥物、激素平衡狀態等而有所差異。

4.年齡：一般極年幼和極年老的個體，較其他年齡層者更容易受到感染。例如一個月大的嬰兒，其細菌性腦膜炎主要是由大腸菌型的細菌所引起，因為嬰兒缺乏對抗此菌有效的抗體，且此抗體不能由母親通過胎盤而提供；青春期所產生的雌性素(estrogen)，可使陰道

上皮細胞角質化並令酸性增高,故不易得淋球菌性陰道炎,但年齡較小的女孩則容易得到;立克次氏體所引起的疾病,會隨年齡增加而病況愈益嚴重。

5.激素:例如患糖尿病時,因代謝作用發生改變、血中葡萄糖含量增加、pH值降低、吞噬細胞的移入減少、噬菌作用降低、導致組織易感染化膿而不易痊癒,同時陰道也容易發生感染;腎上腺機能減退之愛迪生氏(Addison)病,及腎上腺機能亢進之庫勳氏(Cushing)症狀,均使抵抗力降低,這與服用大量腎皮質類固醇有相同結果,因腎上腺皮質固醇可直接抑制抗體形成,而使長期大量服用的人容易受到細菌的感染。

依據獲得抵抗力來源的不同,後天免疫又可分為主動免疫與被動免疫兩種(表2-6)。主動免疫由感染微生物(無論是否有症狀發生)、注射活減毒疫苗或微生物或其抗原,吸收或注射細菌外毒素、或類毒素而產生。被動免疫例如在白喉、破傷風、臘腸桿菌等外毒素中毒時,立刻注射抗毒素急救(圖2-1)。於病毒性疾病潛伏期注射人類丙種球蛋白(或稱免疫球蛋白,immunoglobulin,詳見第六章),可防止發病或減輕病情。另外母體的免疫球蛋白經胎盤進入胎兒,或嬰兒吸吮母乳(尤其是初乳)而獲得,能使新生兒具抵抗力,但此種被動免疫在嬰兒4-6個月大以後便逐漸消退。

寄主經由上例與外來抗原(如微生物或其抗原)有效接觸後,寄主便可產生主動免疫的抵抗力。主動免疫又可分為體液免疫及細胞性免疫。抗體的免疫為體液免疫動物產生,由於抗體是溶解於體液,如血清中或分泌物中,故稱體液免疫。

表2-6　主動免疫與被動免疫的區別

	抗 體 來 源	奏　　效	免 疫 期	醫療行爲的效用
主動免疫	由動物本身自製	慢(數週)	長(數年)	用於預防：如注射類毒素、疫苗
被動免疫	非動物自製，由外來供應	即刻發揮作用	短(數週)	用於急救、治療：如注射抗毒素

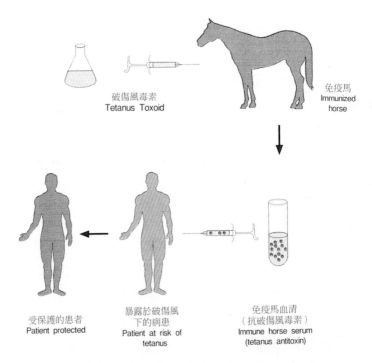

圖2-1　破傷風毒素的被動免疫法，病患直接注射由馬所產生的抗破傷風毒素血清。

　　淋巴球（lymphocyte）是主要的免疫細胞，分為B淋巴球和T淋巴球，又分別稱為B細胞（B cell）及T細胞（T cell），當B細胞被刺激後，會變成漿細胞（plasma cell）而產生大量抗體。抗體的功能包括中和毒素、細胞外酶或其他細菌產物，若有補體存在時，會有直接凝集、殺死、或溶解細菌的作用。活化的補體會吸引吞噬細胞到抗原抗體複體處，進行吞噬。抗體可凝集微生物，使其更容易被吞噬細胞所吞噬，而抗體在分泌物中則可阻止感染物侵入黏膜。

　　雖然抗體具有上述功能，但在生物個體對抗入侵後的細菌防禦工作中，抗體只不過是扮演著一個小角色，其對抗細胞性或顆粒性抗原之防禦工作，主要是由T細胞參與的免疫反應來擔當。

　　在細胞媒介性的免疫（cell-mediated immunity）中，首先T細胞具有免疫專一性，能辨識外來抗原，而變成敏感的T細胞，此敏感的T細胞（sensitive T cell）會變成毒殺性T細胞（T cytotoxic cell, Tc）直接殺菌，同時分泌淋巴素（lymphokine），以活化巨噬細胞，使其能有效地將細胞內的細菌殺死。

陸、株落選擇學說

　　解釋B細胞（或T細胞）如何應付外界可能進入人體內的成千上萬種抗原的學說中，以波內（F. M. Burnet）所提出的「株落選擇性學說」，較被接受。其學說為：

　　每一動物體內，天生即有多量的（約10^{11}）淋巴細胞，而淋巴細胞受基因控制的結果，使得一個淋巴細胞，僅能對一種抗原或一群極

相近的抗原發生反應。每一個T或B淋巴球的專一性，在和抗原接觸前即已決定。當抗原進入體內時，會與細胞膜上擁有最適合此種抗原接受器的淋巴球結合，並刺激此淋巴球增生，形成一群與原來細胞表現相同專一性的細胞株落，稱之爲株落選擇。

　　同源的淋巴細胞再經分化後，對特定抗原有專一性的B細胞，能增生出記憶性B細胞及功能性漿細胞，漿細胞即可製造適合於此抗原的抗體，所有新繁殖的株落細胞均對原始抗原具有專一性。對T細胞而言，則形成記憶性T細胞及功能性T細胞的株落，後者又包括了T-作用細胞(effector T cell)：例如能毒殺其他細胞的Tc，及T-調節細胞：例如能分泌淋巴素的輔助性T細胞(T helper cell, Th)及抑制性T細胞(T suppressor cell, Ts)等（詳見第四章）。

　　株落選擇可以讓我們了解專一性免疫的三種現象，即專一性、記憶性、及自體辨識性。

第三章　內在自衛系統中的器官

　　內在自衛系統包括散佈體內各處的免疫器官及許多貼覆在血管和淋巴管表面的細胞。它們能補捉並吞噬入侵體內的細菌、病毒和異物，這些細胞彼此相關，統稱為網狀內皮細胞（reticuloendothelial cell），它們須靠循環系統（血管）及淋巴系統聯繫，才使得全身的免疫器官及免疫細胞間能互相傳達信息且通力合作。

　　網狀內皮細胞實際上包括了一些比較原始尚未分化的細胞，它們能分化成許多不同種類的細胞。例如骨髓裡的網狀內皮細胞，可形成原始血細胞（hemocytoblast），後來變為紅血球；骨髓母細胞（myeloblast），將來可形成白血球。而淋巴結裡的網狀內皮細胞，則可形成淋巴球和間質細胞，游走於組織之間，遇上外來異物則發生吞噬的功能。淋巴結裡的網狀內皮細胞，是位於淋巴寶的表面；在脾臟，是位於紅髓（red pulp）和靜脈寶的表面；在肝臟裡，則特別稱為庫佛氏（Kupffer）細胞。這些細胞的所在地與結構雖然有所不同，但其功能則極為相似。當遭受感染的時候，造血系統會很快產生反應，並且分裂出必須的細胞，以應付局部的發炎反應。這些反應或是作用，會受到活化的T細胞及巨噬細胞所分泌的細胞素所調節，使不同的白血球增殖並分化。

　　內在自衛系統中的器官種類可分為兩大類（圖3-1），即原生淋巴器官（primary lymphoid orgen）及次生淋巴器官（secondary lymphoid orgen)，分別又可稱作中央淋巴器官(central lymphoid orgen)及周邊淋巴器官(peripheral lymphoid orgen)。原生免疫器官為提供淋巴球(lymphocyte)成熟之處，如胸腺。次生免疫器官則提供場所，讓淋巴球與抗原接觸並發生最大的作用之處，如淋巴結、脾臟等。

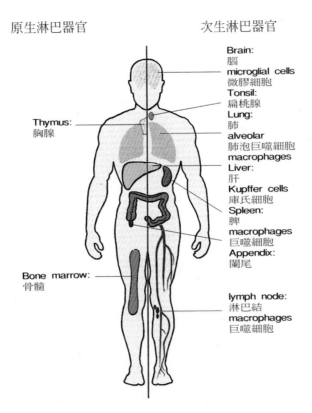

圖3-1　內在自衛系統中的器官：原生淋巴器官與次生淋巴器官。

壹、原生淋巴器官

一、胸腺

胸腺位於心臟的上方，是兩片較平坦的器官。每片都可以分爲兩層，外層是皮質，大部分都被胸腺細胞所填滿。內層是髓質，是胸腺細胞較稀疏的地方。

淋巴球是由骨髓製造的，T細胞的先驅細胞(T progenitor cell)形成後，先進入胸腺變成爲胸腺細胞，然後再轉變爲成熟的T細胞。T細胞的先驅細胞進入皮質後，快速增殖，其中少數則進入髓質。

胸腺在免疫系統中非常重要，如果胸腺有缺陷，會使循環中之T細胞減少，因而導致在細胞層次免疫反應上的缺失。而使疾病傳染的機會增加。胸腺在青春期最大，其後會隨著年齡增加而萎縮。

二、骨髓

在鳥類接近泄殖腔的地方，有一個特別的構造，稱爲法氏囊(Bursa of Fabricius)，是鳥類B細胞成熟的地方。在哺乳類缺乏此一構造，但是在骨髓中可以完成類似的功能。

骨髓若停止產生白血球，就會引起無顆粒性白血球缺乏症(agranulocytosis)及白血病(leukemia)，而使身體喪失對抗入侵細菌的武器。事實上，身體各部的黏膜成天都暴露在細菌的侵襲之下，口腔裏含有各種的螺旋菌、球菌與桿菌，眼、鼻、呼吸道、胃腸道、和泌尿道也是一樣。所以當體內的白血球減少時，這些細菌就可能入侵到組織。骨髓只要停止二天不產生白血球，口腔、消化道和呼吸道就有潰瘍

症狀出現，情況如不改善，在一週內就會致人於死。許多藥品和放射性物質，都能抑制骨髓的造血功能，常用的藥物如磺胺類、氯黴素、以及許多的中樞神經抑制劑，如果使用不當，都能引起無顆粒性白血球缺乏症。

　　骨髓如果失去控制，而產生大量的白血球，就會引起另一類的白血病。循環血液裏的白血球可能自每立方毫米數千，增加到數十萬，而且這些白血球，是不能發生免疫功能的。所以白血病與其他組織的癌症一樣，是由於無功能細胞的過度增殖。骨髓裏產生了大量的白血球，不但會影響到骨髓的造血功能，甚至會侵襲其他正常的組織，並因為其代謝物質而引起組織破壞。

貳、次級淋巴器官

一、淋巴結

　　淋巴液(lymph)是一種在組織間隙及淋巴管中流動的組織液。淋巴管則為一連串的大收集管。淋巴液的流動方向，是由淋巴管至大淋巴管，而後至胸管，再到左鎖骨下靜脈，而流回心臟。淋巴結是一群豆狀的結構，裡面充滿了淋巴球、巨噬細胞、及樹狀細胞。淋巴由此通過時，淋巴結可以抓住抗原，並殺死帶此抗原的微生物。在構造上淋巴結可分成三部分：

1.皮質：含有淋巴球（多為B細胞）及巨噬細胞。巨噬細胞可形成初級濾泡(primary follicle)。而次級濾泡(secondary follicle)則是一個環，有一中心稱為生發中心(germinal center)，在中央處

有B細胞與接觸之抗原作用，而分裂成記憶細胞和漿細胞，在周圍處則有巨噬細胞和樹狀細胞。

2.副皮質：有T淋巴球，並含有大量class II MHC分子（見第八章）的樹狀細胞，作爲活化Th細胞之用，樹狀細胞來自組織而進入淋巴結中。

3.髓質：此部分少有淋巴球，大部分是漿細胞，可以製造抗體。淋巴液緩慢地通過淋巴結，（方向爲由皮質流向副皮質，再流入骨髓），使巨噬細胞和網狀樹突細胞，能抓住抗原及一些特別的物質。當淋巴液離開時，則含有大量的抗體，以及增加了五十倍之多的淋巴球（大多來自血液中的淋巴球）。有25％離開淋巴結的淋巴球會穿過內皮層，可由循環中再回到淋巴結中。當有抗原刺激時，淋巴球會大量增加而使淋巴結變形，造成淋巴結的腫大。

二、脾臟

脾臟是一個大而呈長卵圓形的構造，位於左腹部之上方。能過濾血液，並抓住血液中的抗原，所以對全身性的感染有反應。在組織學上可分爲兩個區域：

1.紅髓：

內含大量紅血球，是老舊的紅血球破壞並移除之處。其周圍及血管竇中有許多巨噬細胞，可吞噬外來物，再送到白髓（white pulp）。巨噬細胞也會吞噬老化或異常的紅血球及被分解的血紅素。

2.白髓：

在小動脈周圍，由T淋巴球形成圍血管淋巴鞘（periarteriolar lymphoid sheath, PALS）。在PALS周圍，有一群B淋巴球所形成的

初級濾泡，初級濾泡接觸抗原後，能發育形成次級濾泡，同樣包含有生發中心，稱爲邊緣區(marginal zone)。並且有B淋巴球和漿細胞的分裂與增生。抗原由脾臟的動脈送入，進到邊緣區，立刻被樹狀細胞抓住而送到PALS。如大量抗原刺激時，脾臟也會腫大。

三、黏膜性淋巴組織

在黏膜表皮的表面可以發現有許多種淋巴組織，有些與骨髓中B細胞的發育有關，稱爲黏膜性淋巴組織(mucosal-associated lymphoid tissue, MALT)。當抗原由表皮黏膜表面進入時，MALT可抓住抗原，讓淋巴球與抗原作用。其分類有簡單的，如：腸絨毛的黏膜；亦有器官結構的，如：扁桃腺(tonsil)、盲腸、及位於腸壁的小圓塊狀集合淋巴結(Peyer's patch)。

四、皮膚性淋巴組織

皮膚性淋巴組織(cutaneous-associated lymphoid tissue, CALT)，包括淋巴球，巨噬細胞及特化的角質細胞。除了提供重要的解剖學障礙外，皮膚的表皮層有特化的角質細胞(keratinocyte)，能分泌細胞素，引起發炎反應，並能作爲抗原呈獻細胞。在表皮層中呈樹狀的蘭氏細胞(Langerhans cell)，能將抗原吞噬後，向內移到局部淋巴結；在表皮層與眞皮層間有T-淋巴球；在眞皮層裡有巨噬細胞，這些細胞能共同負責皮膚的專一性防禦。

第四章　內在自衛系統中的細胞

　　除了上一章中所說免疫器官裡的細胞之外，白血球是內在自衛系統中最常見的細胞，白血球也是這個自衛系統中的流動單位（mobile unit），它們自骨髓或淋巴結形成以後，就進入循環系統，可在血液中流動。當體內有異物入侵或發炎時，白血球又滲出血管，到達發炎的部位，發揮防禦的功能。

壹、白血球的分類

　　白血球按形態與染色的特性可分爲三大類：顆粒性球（granulocyte）、單核球（monocyte）、與淋巴球。而顆粒性球又可分爲三種，即多形核嗜中性白血球（polymorphonuclear neutrophil，或簡稱爲嗜中性球）、多形核嗜酸性白血球（polymorphonuclear eosinophil，或簡稱爲嗜酸性球）、與多形核嗜鹼性白血球（polymorphonuclear basophil，或簡稱爲嗜鹼性球）。顆粒性球與單核球能吞噬入侵的微生物或異物，具有吞噬能力，是一種吞噬細胞，而淋巴球則否，但有的淋巴球（如下面所敍述的B淋巴球），可以轉變成漿細胞產生大量的抗體，對身體具有保護的功能。

　　正常成人血液中每立方毫米平均約含有七千三百個白血球，但各種白血球所佔的比例並不相同。正常情況下，各種白血球在血液中所

佔的百分比如下表：

表4-1　正常成人的白血球計數結果

白血球類別	所佔人體百分比例
嗜中性球	50-70%
淋巴球	20-40%
單核球	1-6%
嗜酸性球	1-3%
嗜鹼性球	＜1%

　　其中只有淋巴球才有多變化、專一性的記憶及自我辨認的能力，是免疫反應的品質保證。內在自衛系統中最主要的細胞，就是淋巴球及抗原呈獻細胞。成年人體內大約有一兆（10^{12}）個淋巴球，約佔血液中白血球總數的25％，而在淋巴液中更高達99％。

一、淋巴球

　　由骨髓製造，經由造血作用(hematopoiesis)而形成（後詳）。

1.B淋巴球：

　　即B細胞，在骨髓中製造，細胞膜表面上具有能與抗原結合的受器，即抗體。抗體為一種膜上醣蛋白(membrane bound glyco-protein)。當B細胞膜有抗原抗體結合後，則使該B細胞分裂增生，而產生記憶性B細胞和漿細胞。記憶性B細胞能存活極久的時間，而漿細胞卻只能活幾天而已。

2.T淋巴球：

　　亦由骨髓的造血性幹細胞(hematopoietic stem cell)分化而

來，但不同於B細胞可在骨髓中成熟，T細胞須轉移至胸腺中成熟並接受教育。在此期間，T細胞亦生成T細胞的膜受器，爲一異質雙體（heterodimer），由二條蛋白質鏈組成——$\alpha\beta$、$\gamma\delta$。二鏈之間由雙硫鍵相連接。

　　不同於B細胞受器可單獨和抗原結合，T細胞受器和抗原結合時，必須有主要組織相容複體（major histocompability complex, MHC）抗原的參與。當T細胞受器和抗原-MHC同時結合時，才能激發T細胞的增生，生成記憶性T細胞，和各種功能性的T作用細胞。T細胞又因細胞膜上分化群（cluster of differentiation, CD）抗原的不同，而區分爲多種族群，主要的有輔助性T細胞及毒殺性T細胞，輔助性T細胞含有第四分化群CD4的膜醣蛋白質（membrane glycolprotein），而毒殺性T細胞則有第八分化群CD8的膜醣蛋白質。當Th細胞碰到抗原-MHC時，就被激發成爲功能性的T細胞，可分泌淋巴素，以激發B細胞、T細胞、吞噬細胞及其他參與免疫反應的細胞。

　　Th細胞分泌多種淋巴素，可造成不同的免疫反應。當Tc細胞受到Th細胞所分泌的淋巴素刺激時，如果又碰到抗原-MHC，此時會使Tc增生，並分化成爲細胞毒殺T淋巴球（cytotoxic T lymphocyte, CTL），扮演一個致命性毒殺的角色，殺死任何被「視」爲外來物的病原體。

3.免疫反應中的淋巴球：

　A.體液性反應：

　　利用抗體與抗原結合的特性，產生以下的三種作用：

　　(1)B細胞表面的抗體，可與抗原交叉相連（cross-link）而形成群

聚體(cluster)，使其易被吞噬細胞所消化，稱為抗體的調理作用(opsonization)。

(2)抗原抗體結合可激發補體系統，導致外來物的分解。

(3)抗體可將毒素或病毒顆粒包裹起來，以中和其毒性。

B.細胞性反應：

Th細胞所分泌的淋巴素，可激發許多吞噬細胞及CTL，如此可攻擊侵入體內的外來物。

C.B及T細胞的抗原辨識：

B及T細胞都可以辨認抗原上的抗原決定部位(epitope)，此部位為一活性區(active region)，可結合B或T細胞受器。當然，T細胞只辨認與MHC連接的抗原。因此，共有四種細胞膜分子可負責抗原辨識作用，即：

(1)B細胞上的細胞膜抗體。

(2)T細胞受器(T cell receptor, TCR)。

(3)第一類組織相容複體(class I MHC)：分佈在所有有核的細胞上，能與Tc細胞作用。

(4)第二類組織相容複體(class II MHC)：分佈在抗原呈獻細胞的表面，能與Th細胞作用。

D.B及T細胞專一性與歧異性的產生：

(1)每個成熟B細胞，都有獨特抗體專一性，乃B細胞在骨髓中成熟時，由一連串帶抗體密碼的基因片段依隨機重組而形成。

(2)T細胞受器的專一性與B細胞大致相同，但另外還經過多次篩選，因抗原必須和MHC相結合，才能為T細胞所辨認。

二、巨噬細胞

　　巨噬細胞（圖4-1）是一種抗原呈獻細胞(antigen-presenting cell, APC)，含有MHC分子，可將抗原以抗原-MHC呈獻出來，以供Th細胞辨認，如此才能確保自體／非自體的抗原辨識，以免造成自體免疫的後果。其所呈獻的抗原是已經修飾過的非自體抗原。

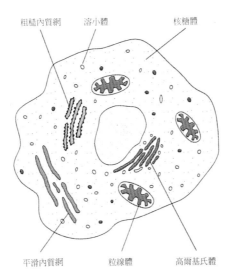

粗糙內質網　　溶小體　　　　　　核糖體

平滑內質網　　粒線體　　　　高爾基氏體

圖4-1　具有吞噬功能的巨噬細胞，中央爲細胞核。

　　巨噬細胞均具有吞噬的功能，對異物的吞噬大多只在免疫反應的初期。吞噬作用(phagocytosis)是吞噬細胞伸出僞足將物體包入，形成吞噬泡，當吞噬泡在細胞質中遇到溶小體就變成噬溶小體。噬溶小體再產生class II MHC來辨認外來物。利用外吐作用把廢物排

出，並把攜有抗原性多胜(antigenic peptide)片段的MHC複體放在
吞噬細胞表面，讓Th細胞辨認。

　　當抗原被適當的抗體、補體或其他物質所包圍之時，則可使抗原
更快、更緊密的與巨噬細胞膜相接，促使其吞噬作用的能力加強。此
時的抗體及補體可稱爲調理素(opsonin)。平時在血清中的補體即能減
弱細菌的力量，幫助白血球的吞噬作用，此種過程可稱爲調理作用。
如果另外又有抗體存在於抗原的周圍，則吞噬作用的速率會增加400
倍。藥物亦可增加巨噬細胞的吞噬作用並增加其數量。

　　巨噬細胞是最主要的抗原呈獻細胞，由血液循環中的單核球移到
組織分化而來，在分化過程中其體積可增大五至十倍，胞器的數目與
複雜性相對的增加，吞噬能力及溶解酵素的活性也大爲提高，並且開
始分泌多種細胞素。平常巨噬細胞在休息狀態，但受到抗原刺激，或
受到細胞素，或發炎反應的刺激之後，就立刻成爲活化的巨噬細胞，
能分泌多種重要的蛋白質，更有效的移除入侵物。這些蛋白質的種類
與功能，列在表4-2。

　　在感染時，活化的巨噬細胞除了分泌表4-2所述的蛋白質，以調
節免疫反應，並呈獻抗原之外，本身亦可作爲作用細胞，藉著其所產
生的氧依賴性，或非氧依賴性毒殺物質（表4-3）來殺死吞噬的細
菌、黴菌或寄生性的原蟲。

三、顆粒性球

　　顆粒性球又分爲嗜中性球、嗜酸性球及嗜鹼性球三類（圖4-2）。

1.嗜中性球：

　　嗜中性球由骨髓產生，一般在血管中須經7-10個小時才到組織。

表4-2　活化巨噬細胞分泌的蛋白質因子

因　子	功　能
第一介白素(IL-1)	活化Th細胞 促進發炎反應及發燒
補體蛋白質	促使致病原的移除 發炎反應
水解酵素	促進發炎反應
干擾素(IFN-γ)	活化細胞基因生產抗病毒狀態的蛋白質
腫瘤壞死因子(TNF-α)	殺死腫瘤細胞
第六介白素(IL-6)	促進造血作用
GM株落刺激因子(GM-CSF)	促進造血作用
G株落刺激因子(G-CSF)	促進造血作用
M株落刺激因子(M-CSF)	促進造血作用

表4-3　巨噬細胞所含的毒殺性媒介物質

氧依賴性毒殺	非氧依賴性毒殺
活性氧代謝物(ROI)	防衛素
O^{-2}	TNF
OH	溶菌酵素
$^1O_2$	水解酵素
H_2O_2	
HOCl	
NH_2Cl	
活性氮代謝物(RNI)	
NO	
NO_2	
HNO_2	

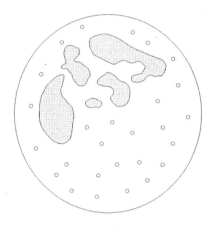

嗜中性球Neutrophil

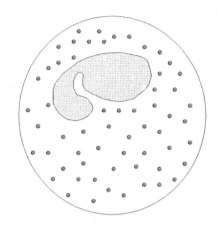

嗜酸性球Eosinophil

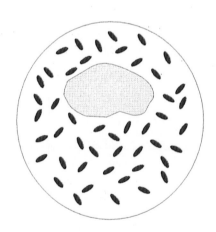

嗜鹼性球Basophil

圖4-2 嗜中性球、嗜酸性球、及嗜鹼性球，其細胞核的形態及細胞質中所含的顆粒均不相同。

嗜中性球只有三天的壽命，可以穿透血管壁而進入組織。可附著在血管壁上以一些接受子與血管壁上的細胞相接，發炎部位會產生趨化因子（chemotactic factor），使此處的嗜中性球增加。亦能進行吞噬作用，但因細胞內缺乏溶小體，殺傷能力較弱。

　　幾乎任何可以引起組織破壞的因素，都能使嗜中性白血球增多。甚至在癌症患者，嗜中性白血球可能從原來的每立方毫米四千五百個增加到一萬五千個左右。極度疲倦時，嗜中性白血球也會增加。急性出血、中毒、手術後、或接受異體蛋白質注射後，在循環中的嗜中性球的數目，都會顯著的增加。

　　此外，在某些生理情況下，循環中的嗜中性球也能增高，例如激烈運動，或是經注射腎上腺素以後，血液中的嗜中性球可能增加三至四倍。這可能是因為當循環緩慢時，大量的白血球，特別是嗜中性球，大多附著在毛細血管壁上。循環加速以後，血管裡的血液量加多，血流加速，這些白血球都被沖刷到血流中，所以可見到嗜中性球增多的現象。生理性的白血球增多都是短暫性的，當刺激停止以後，很快就恢復正常，許多白血球又再度附著在毛細血管壁，所以測得的白血球數量也隨之減少。

2.嗜酸性球：

　　嗜酸性球與嗜中性球一樣，是流動性的細胞。可由血管中以變形蟲運動的方式進入組織。雖然也能吞噬，但其吞噬作用較不重要。主要的作用在於抵抗寄生蟲（特別是蠕蟲）的入侵，可以釋出其顆粒內容物而破壞寄生蟲的外膜。

　　在正常人血液中，嗜酸性球僅佔白血球總數的1-3%，其功能尚

不完全明瞭。嗜酸性球的吞噬能力很弱,具有趨化性。如與嗜中性球比較,其對抗細菌感染的能力似乎並不重要。注射異體蛋白質以後,血液中嗜酸性球的數目會大量增多。胃腸道黏膜和肺組織中含有較多的嗜酸性球,可能因為這些區域,也是異體蛋白質進入身體的門戶。有些學者認為嗜酸性球的功能,可能是破壞異體蛋白質,以減少後者對身體可能造成的損害。

　　嗜酸性球能夠滲入凝固的血塊中,並釋放出纖維蛋白溶解素原(profibrinolysin),再轉變為纖維蛋白溶解素(fibrinolysin)以分解血塊中的纖維蛋白。因此,嗜酸性球可能亦與血塊的清除有關。

　　過敏性反應時,血液中嗜酸性球的總數增加;而且在有抗原與抗體反應的組織中,亦可發現嗜酸性球聚集的現象。雖然目前還沒有可靠的學說來解釋這種現象,但可能是在過敏反應的過程中,從組織裡釋放出的毒性產物,引起血液中嗜酸性球增加。嗜酸性白血球的大量增加,最常見的原因還是寄生蟲感染,例如在旋毛蟲感染(trichinosis)或廣東住血線蟲感染(angiostrongyliasis)時,血液中嗜酸性球的數目,可能增加到白血球總數的25-50%或甚至更高（圖4-3）。

3.嗜鹼性球:

　　嗜鹼性球不會進行吞噬作用,主要作用為過敏反應。血液中的嗜鹼性球與微血管外面的肥大細胞(mast cell)很像。後者能產生肝素(heparin)釋放到血液中,以防止血液凝固,及加速移走血液中的脂肪顆粒（特別是在吃完高脂肪的膳食以後）的二個目的。因此,嗜鹼性球可能也具有肥大細胞的功能。

　　血液中所含的嗜鹼性球數量很低,僅佔白血球總數的0.5-1%。

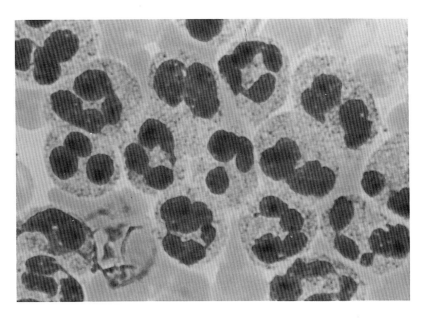

圖4-3　廣東住血線蟲感染後的老鼠血液塗片，嗜酸性球幾乎充滿整張塗片。

不過在發炎後組織修復的時期，及在長期的慢性發炎時，嗜鹼性球的數量都會增加。慢性發炎時，紅血球有聚集成塊的傾向，因此血液與組織中的嗜鹼性球會增加，可能有防止紅血球聚集的作用。肥大細胞（嗜鹼性球也可能一樣）的顆粒裡，除了含有肝素以外，還含有相當量的組織胺（histamine）、玻尿酸（hyaluronic acid）、羥色胺（serotonin）等物質。這些物質在體內都有很重要的作用，嗜鹼性球是否也具有這些物質的作用，則不得而知。

四、肥大細胞

肥大前驅細胞(mast cell precursor)也由骨髓所製造，進入血管後仍未進一步的分化。直到進入組織才開始分化爲肥大細胞，在很多地方可以見到，和嗜鹼性球一樣，具有大量的細胞質顆粒，包括組織胺及其他藥理性活化物，同樣是與過敏反應有關。

五、樹狀細胞

樹狀細胞(dendritic cell)與神經細胞一樣具有樹突的形狀，但使用傳統的分離技術，常使其樹突受損而死亡。其作用是作爲抗原呈獻細胞，細胞表面具有高濃度的class II MHC。在捕捉抗原之後，會以變形運動移行至淋巴器官。一般可在非淋巴器官及系統中發現，亦可在淋巴器官中發現。在非淋巴器官中，會捉住抗原，並送至附近的淋巴結而產生作用。

貳、造血作用

紅血球及白血球由幹細胞發育而來的過程稱爲造血作用（圖4-4）。在胚胎發育的第一週，造血作用已在卵黃囊中開始進行，幹細胞最早的出現，就是在卵黃囊中。胚胎發育到三個月大時，幹細胞的大本營已經移到了肝臟。七個月時則在脾臟，出生之後則在骨髓。即便如此，幹細胞在骨髓中的濃度仍然很低，只有萬分之一，並且幹細胞無法以組織培養的方式培養，因此對它的研究十分困難。

幹細胞的最大優點是能夠自我更新(self-renewal)，只要移植0.01-0.1%的量，即可恢復製造全部免疫細胞的能力。

幹細胞可以先分裂形成一種多潛能造血幹細胞(pluripotent

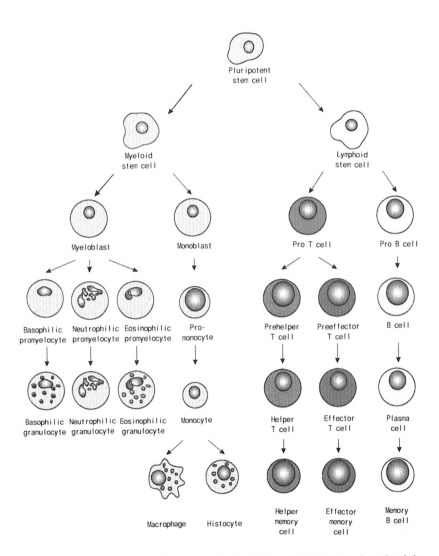

圖4-4　免疫反應中的細胞及其成熟的過程。這些細胞是由幹細胞經造血作用發育而來。

hematopoietic stem cell)，此種細胞可以再進一步形成紅血球、顆粒球、肥大細胞、淋巴球及巨核細胞(megakaryocyte)等各種細胞。

一、白血球的生成

多潛能造血幹細胞可以再分化生成淋巴性幹細胞、及骨髓性幹細胞。由此二類的幹細胞，再產生許多不同種類的前驅細胞，包括了T及B前驅淋巴球，可產生T細胞及B細胞，以及能形成紅血球的紅血球前驅細胞等。各種前驅細胞的進一步分化，取決於特定的「生長因子」。而支持幹細胞生長與分化的骨髓間質細胞(stromal cell)，其主要功能之一，就是分泌生長因子。

在正常情況下，顆粒性球及單核球是由骨髓性幹細胞衍生而來，而淋巴球的生成還包括各種淋巴器官，如淋巴結、脾臟、胸腺、扁桃腺、及腸道中的淋巴樣組織等。許多白血球在生成之後，一直貯存在骨髓中，直到身體需要時才進入血液循環中。

二、白血球的壽命

白血球產生作用的地方，多不在血液中，它們之所以會存在於血液裡，主要目的是為了能夠從骨髓或淋巴器官，快速地運送到身體最需要的部位，因此，白血球存在於血液的時間不必很長。據估計，顆粒球存在於血液的時間平均為十二小時左右。但組織有嚴重發炎現象時，則可能僅約二、三小時。

單核球的壽命到底有多長，一直是個謎，這是因為單核球經常在組織與血液之間游走不定，忽而自血管中逸出，忽而又自組織返回血管。由於單核球能在發炎間的區域停留較長的時間，一般認為單核球的平均壽命較顆粒性球為長。

淋巴球可隨淋巴液自淋巴結而進入血液。在一天當中,自胸管進入血液的淋巴球總數,較任何時間血液中淋巴球的總數高出很多倍。因此,淋巴球停留在血液裡的時間一定非常短,最多不過數小時。不過,利用帶放射性的淋巴球作追踪劑,發現這些淋巴球可自微血管壁滲出,進到組織中,然後又可能再進入淋巴液回到淋巴結,到處游走,有些淋巴球的壽命可以長達100-300天。

三、造血生長因子

由株落化作用可以知道骨髓間質細胞可以分泌某種因子,促使各種幹細胞的分化。這些生長因子,在免疫學上常被稱作細胞素(cytokine),主要可分爲以下三類:

1. 酸性醣蛋白類,是由一群株落刺激因子(colony stimulating factor, CSF)所組成,可再細分爲多系株落刺激因子(multi-CSF),又稱爲第三介白素(interleukin 3, IL-3)、巨噬細胞刺激因子(macrophage-CSF, M-CSF)、及顆粒球刺激因子(granulocyte-CSF, G-CSF)等。

2. 醣蛋白類,由腎臟產生,又稱爲紅血球生成素(erythropoietin, EPO),可促使紅血球之產生。

3. 介白素類(interleukin),如IL-4、IL-5、IL-6、IL-7、IL-8、及IL-9等,以上各種介白素都是由骨髓間質細胞所分泌,可以活化T細胞及巨噬細胞等。

四、造血作用的調控

紅血球平均壽命120天,白血球則有由幾天到長達二、三十年不同的壽命。人類平均每天可產生3.7×10^{11}個血球細胞。調節機制必須

能維持血液中紅血球和白血球一定的量，還必須在受到感染或出血時，能快速的製造十到二十倍多的血球，以應付緊急時的需要。

在一般情況下，各種血球數量之間的平衡，要靠骨髓間質細胞所產生的細胞素來調節，例如IL-4、IL-6、IL-7、GM-CSF、M-CSF、G-CSF等，細胞素在局部部位的相對濃度決定何種血球增生。唯有IL-3細胞素，不是在間質細胞中發現，而是在活化的T細胞中才有。

當人體遭受感染的時候，造血系統很快產生反應，並分裂、增生出必需細胞，以應付局部的發炎反應。這些作用會受到活化的Th細胞及巨噬細胞所分泌的細胞素所調節，使不同的白血球增殖及分化。

不同系列細胞的產生，可由在特定區域內不同細胞素的濃度所決定。因為不同系列的免疫細胞，對細胞素的受器感受不同。如果對某種細胞素的受器很少或沒有，則其反應會因此而降低或不反應，最後產生少量的某種細胞，或根本不產生。例如：某些細胞具有CSF的受器，但數量極少，那麼必須在CSF的濃度很大時才能作用。因為一種CSF與接受子結合後，會降低其對其他CSF的接受子結合的能力。所以，這細胞對CSF很不敏感，且細胞的增殖作用也會降低。

由單核球變成巨噬細胞，需要經過以下的幾個步驟：(1)細胞變大；(2)細胞內胞器的內容增加，數量增加，複雜性也增加；(3)吞噬能力增加；及(4)可分泌多種水溶性的因子。

參、白血球的特性

白血球有數種性質是其他細胞所少見的，分別介紹於下：

一、滲出運動

白血球能自血管壁上的小孔，藉滲出運動而游走到血管的外面，稱作滲出作用（diapedesis）。雖然管壁上的小孔較白血球的體積小得多，但白血球能夠慢慢的先將一部分的物質從小孔擠出，然後再擠出另一部分，最後才全部出來。

二、變形蟲運動

當白血球自血管擠出以後，能在組織細胞間藉變形蟲運動，從一個區域爬到另一個區域。一般言之，顆粒性球在組織細胞間的活動力較大，而單核球則不太活動。

三、趨化性

組織中有許多化學物質，能夠影響白血球的運動方向，有的能吸引白血球，使白血球趨向該物質，有的則排斥白血球，使白血球離開，這些現象統稱為趨化性（chemotaxis）。使白血球移向化學物質的現象，稱正趨性（positive chemotaxis）；使白血球背向化學物質離開的現象，稱為負趨性（negative chemotaxis）。發炎組織的變性產物，特別是組織的多醣類物質，能夠吸引嗜中性白血球向發炎的區域移動。許多細菌的毒素也對白血球有趨化性。有的毒素產生正趨化性，另有一些毒素則可能引起負趨化性。另一個有趣的現象是帶正電荷的離子交換樹脂（ion exchange resin）對白血球有正趨化性，而帶負電荷的離子交換樹脂，則對白血球有負趨化性。趨化性與趨化物質的濃度差異有關。具有正趨化性的物質，能使白血球向著趨化物質的一面先伸出偽足，再向前移動。相反的，具負趨化性的物質，使白血球背著趨化物質的一面先伸出偽足，然後離開趨化物質。

四、吞噬作用

　　吞噬作用的基本步驟有四，趨化、粘著、吸附及消化，見圖4-5。吞噬作用是嗜中性白血球與單核球的最重要功能之一。吞噬細胞對吞噬的對象具有選擇的能力。不然的話，身體內的正常細胞就會被吞光。吞噬作用是否能夠發生，主要靠下列的三個選擇步驟：(1)被吞噬的物質表面是否粗糙，粗糙的表面容易發生吞噬作用。(2)物質表面所帶的電荷，大多數體內的固有組織表面都帶有負電荷，因而有排斥帶負電荷之吞噬細胞的作用。可是，壞死的組織與入侵的異物表面，多半帶有正電荷，所以有吸引吞噬細胞的作用。(3)體內某些物質，可以促進外來異物吞噬作用的完成。有許多球蛋白的分子，例如抗體或補體（稱為調理素），能與一些小的顆粒結合，便於吞噬細胞附著表面，以促進吞噬作用的進行。

　　巨噬細胞是一種強而有力的吞噬細胞，吞噬作用較嗜中性球為強。它們能吞噬較大而且較多的異物，甚至可以吞噬整個含瘧原蟲的紅血球；而嗜中性球最多也只能吞噬細菌大小的異物。此外，巨噬細胞吞噬壞死組織的能力也較嗜中性球為強。

　　異物被吞噬後，細胞就立刻開始消化分解它。在嗜中性球和巨噬細胞內，都含有大量的溶小體，其中充滿著許多能溶解蛋白質的酵素，能夠溶解細菌及其他蛋白質的異物。巨噬細胞的溶小體內還有脂肪酶，能消化細菌的脂質厚膜。吞噬細胞除了能消化吞入的物質顆粒外，還含有殺菌劑，在細菌被消化前，先行殺死或阻止其繁殖。例如，嗜中性球的細胞質內，含有相當量的溶體酶，具有殺菌的作用。

　　吞噬細胞不斷的吞噬和分解異物，直到聚集太多消化後的產物，

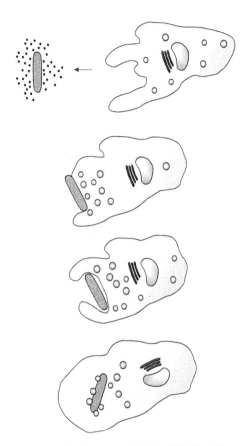

圖4-5　吞噬作用的基本步驟：⑴趨化⑵黏著⑶吸
**　　　　附及⑷消化。**

自身也隨著死亡。一個嗜中性球在死亡之前，可以吞噬5至25個細
菌，而一個巨噬細胞則可吞噬細菌到100個之多。

五、發炎作用與白血球的功能

　　當組織受到損傷而發炎的時候，有許多作用可以使嗜中性球趕到

受傷的區域。其中的一種作用，是嗜中性球先附著在受傷區域微血管的壁上，然後以滲出運動擠出血管，到組織細胞間。另一種作用是嗜中性球藉趨化性，向受傷的區域集中，這是因爲細菌和破壞的組織能吸引嗜中性球。由於這二種作用，所以在組織發炎的數小時之內，該區域就聚集了很多的嗜中性球。

除了單核球與淋巴球外，另有一種組織間質細胞（histiocyte），對保護身體抵抗感染也有很大的功能。組織間質細胞能在數分鐘之內轉變爲巨噬細胞，用變形蟲運動移向發炎的區域，它們是在受感染後的一小時之內對抗感染的第一道防線，但由於數目不多，故作用也不大。其後的數小時內，嗜中性球逐漸成爲對抗感染的主力，其作用在六到十二小時內達到最高峰。然後大量的單核球開始從血液進入組織，能在數小時內改變特性，增大體積，並增加變形蟲運動能力，移向發炎組織。最後參與防禦的是淋巴球，約在發炎後十二小時左右，血液中會有大量的淋巴球進到發炎部位組織，以對抗入侵的細菌等異物。

當嗜中性球與巨噬細胞吞噬了大量的細菌或壞死組織以後，本身也會死亡。經過數天，在發炎的區域可能會凹陷形成腔洞，裡面會有大量的壞死組織及死亡的白血球。這種混合物就是通常所稱的膿（pus）。一般而言，一直到細菌感染被抑制以後，膿才會停止產生。有時含膿的腔洞會逐漸擴大，以在身體的表面排出；但有的時候，腔內膿液不排出，感染被抑制之後，膿裡壞死的組織和血球經過一段時間，會逐漸自行溶解，再由周圍組織慢慢的吸收掉。

第五章　抗原

　　當動物遇到外界或內生環境中的某些病原體物質或化學分子的刺激，可以引起產生保護性的反應，這種誘發保護性反應的能力，就稱作免疫性（immunogenicity），具有這種性質的物質，稱為抗原。抗原與與抗體或細胞表面接受器結合力的強弱，叫做抗原性（antigenicity）。具有免疫性的分子也都具有抗原性，反之則不盡然，如半抗原（hapten）就不具備免疫性，因其本身不能引起免疫反應，將在本章中詳細敘述。

壹、抗原的性質

　　一個物質是否具有刺激動物產生抗體對抗此物質的能力，其條件如下：(1)抗原多為大分子物質，分子量大多超過10,000道爾頓（Dalton, Da）；(2)以完整（尚未被消化成小分子）的方式進入動物體內，如注射方式，或微生物的傳染；(3)必須被淋巴細胞辨認為外來的物質，與自己本身的不同，因為一般正常的動物不會對本身的物質產生抗體；及(4)抗原依其本身是否具有刺激動物產生抗體之能力，可區分為「完全抗原」與「半抗原」兩種（表5-1）。完全抗原進入動物體後，可以刺激動物產生抗體，並與此抗體發生特異性反應，即抗原抗體結合。而半抗原則因為分子量太小，本身不足以引發抗體的產生，但與

其他蛋白質或攜帶體(carrier)結合以後,即可引發與此半抗原反應的抗體。

表5-1　完全抗原與半抗原的區別

	分子量	刺激產生抗體	與抗體結合	例　　子
完全抗原	大	能（直接）	能	蛋白質、多脂類
半　抗　原	小	不能,須與蛋白質或攜帶體結合（間接）	能	青黴素、脂類、核酸

抗原具有專一性,僅能與本身或與本身相似的抗原所刺激出來的抗體發生反應,前者稱爲專一性反應(specific reaction),後者稱爲交叉反應(cross reaction)。此法可用於區別不同種動物的蛋白質。

抗原決定部位(antigenic determinant)是在抗原的分子中,決定抗原與抗體產生特異性反應的部位,抗原決定位在整個抗原分子中,可能只是由很小的基團,如4-7個胺基酸或葡萄糖分子所組成。

貳、影響抗原的因子

一個化學分子刺激動物產生抗體的能力,以蛋白質爲第一,多醣類第二,而脂質或核酸則必須與前二者結合,才具有免疫性。

一、免疫原本身的影響

1.外來性: 通常親緣關係越遠,免疫性越大。但是膠原蛋白(collagen)及胞色素c(cytochrome c)則因保留性演化(conserved evolution)的結果，雖然可用於不同種系之間，但其免疫性仍低。而角膜組織或精蟲，縱使重新注入原來的個體中，仍然具有免疫性。

2. 分子大小：最佳的免疫原，大小約在100 kDa(100,000 Da)左右，小於5,000-10,000 Da者免疫性就太差了。但也有少數例外，例如小於1,000 Da的免疫原。

3. 化學組成：若一物質由單一種胺基酸，或相同的分子聚合物組成，則無免疫性；若一物質由不同的胺基酸組成，當分子夠大時即具免疫性，加入不同的胺基酸於大分子聚合物中，可降低其達到免疫原標準所需的大小。蛋白質的四級結構變化，也可以增加其複雜性，而影響其免疫性，結構愈複雜，免疫性就愈高。

4. 可分解的程度：大分子若無法被抗原呈獻細胞(APC)所分解，則其免疫性就比較低。例如：巨噬細胞只能分解含L-胺基酸的蛋白質，因此，由D-胺基酸組成的蛋白質就缺乏免疫性。通常大而不易溶的分子，免疫性較高。

二、生物系統的影響

個體控制與免疫有關蛋白質之合成的基因，是決定該動物免疫能力的關鍵。本書後面，特別是六、八、九及十章中，將詳細介紹。

此外，給藥途徑及其用量也能影響抗原性，用量太低時，不足以激活淋巴球，但是用量太多，則產生免疫耐受性而不反應。即使是同樣的量，分次注射的效果，又比集中一次的效果更佳。用藥的途徑，則影響參與反應的器官及細胞，例如：靜脈注射時先到脾臟，而皮下注射時則先到身體局部的淋巴結。

參、佐劑

佐劑(adjuvant)是一種用以加強抗原效果的物質，能使抗原的作用更強並更持久，可用以生產高效價(titer)的抗血清。有的佐劑可延緩抗原釋放的速度，並加大抗原的大小，使其便於被抗原呈獻細胞所吞噬。

佛氏佐劑(Freund's adjuvant)是一種最常使用於增強免疫反應的佐劑。可以延長抗原在組織內停留的時間，能持續刺激並誘發炎症反應，促進抗體的產生。雖然佛氏佐劑常會造成注射部位的膿腫，而不適合人體使用，但仍為目前應用最廣、最有效的動物用佐劑。

佛氏佐劑則又分為佛氏完全(Freund's complete adjuvant, FCA)及不完全(Freund's incomplete adjuvant, FIA)佐劑二種，其中FIA為利用礦物油的小油滴來包圍抗原，而延緩抗原釋放的速度。FCA則為在FIA之外，另外添加熱處理過的分枝桿菌(mycobacteria)的死菌，因菌體細胞壁上含有一種雙胜肽，可以刺激巨噬細胞產生一種介白素，進而刺激Th細胞。FIA或FCA會使注射部位產生一堆富含巨噬細胞的組織，促進該處抗原的處理與呈獻。另外有些佐劑則可引起局部的慢性發炎，而增加淋巴球及吞噬細胞的數目。

佐劑加入時的基本要領為在與抗原混合時，先將少許抗原加入佛氏佐劑中，使其充分混合，再慢慢加入較多之抗原，待充分混合後，再繼續此一動作直至全量抗原混合完全。一般劑量(1-50ml)之混合可使用三通管(three way cock)，先將水推入油中，開始混合。

肆、抗原決定部位

抗原決定部位又稱抗原決定子(epitope)，是抗原上用以和抗體或細胞膜受器結合的地方。蛋白質上的抗原決定部位的結構，可能涉及其一級到四級的構造；而在多醣類的抗原決定部位上，其醣鍵(glycosidic bond)構造也會影響抗原決定部位的立體結構。目前已經知道T細胞與B細胞所辨認的抗原決定部位並不相同。

一、B細胞所辨認的抗原決定部位的性質

由卡巴(Kabat)的實驗首先證明，抗原決定部位的大小，由抗體上與抗原結合位置的大小決定。他用葡萄糖的人工聚合物作實驗，證明在B細胞辨認時，其抗原決定部位大小，約相當於六個葡萄糖分子相連的大小。

B細胞辨認天然蛋白質的抗原決定部位，是在親水性的胺基酸處，其內部的胺基酸，則無法成為B細胞辨認的抗原決定部位，除非此蛋白質先被變性處理，把內部的胺基酸暴露出來。B細胞辨認的抗原決定部位，可以是連續或者不連續的幾個胺基酸。

B細胞的抗原決定部位，通常位在抗原立體結構上外部彎曲而不穩定的地方，以便於和抗體結合。一般在複雜的蛋白質上，含有許多重疊的抗原決定部位，即抗原決定部位的數目，會比其所能結合的抗體還要多。在動物體內，一特定抗原上能被辨認而產生抗體與之結合的，通常是佔免疫優勢(immunodominant)的抗原決定部位。

二、T細胞所辨認的抗原決定部位的性質

與B細胞不同，被加熱破壞的蛋白質，對T細胞仍然具決定性。並以短鏈的胜肽鏈作為決定部位。

一個抗原要被T細胞辨認，需具有兩個反應部位，一個為抗原決定部位，乃抗原與T細胞受器結合處，具有專一性；另一個則為抗原聚合部位(agretope)，乃與MHC結合之處，較無專一性。抗原通常具有雙極性，親水性的一端為抗原決定部位，忌水性的一端為抗原聚合部位。MHC可決定要呈獻那一個抗原決定部位，每一種MHC分子只能呈獻一種胜肽，胜肽與MHC的結合，是引起免疫反應的必要條件，但非充分條件。

伍、半抗原

半抗原由於其分子量多小於1,000 Da，而本身不會引起免疫反應，傳統上要產生對抗半抗原的免疫反應，需先與大分子的蛋白質攜帶體結合。半抗原必須與大分子的蛋白質形成一個半抗原-攜帶體結合物，才能視為一個免疫原，其所誘出的抗體由半抗原與攜帶體上的抗原決定部位決定，而半抗原本身則可視為一個抗原決定部位。不具有免疫性的半抗原和同分子聚合物結合後，就能產生免疫性。半抗原提供複雜性，而同分子聚合物則提供足夠的大小。

最近發現若將水溶性、或非水溶性的小分子半抗原物，吸附於硝化纖維膜上，待自然乾燥後，可利用離體免疫的技術，或植入老鼠體內，產生對抗此半抗原的B淋巴細胞，及刺激抗體的產生。這個方法將可取代傳統的半抗原載體結合法，用來產生對抗小分子半抗原的免

疫反應，並可避免產生一大堆對抗載體的抗體。

半抗原可應用在驗孕上，在待驗者的尿液中，若有人類絨毛性腺刺激素(human chorionic gonadotropin, HCG)，則抗此HCG半抗原的抗體，就不會和半抗原–攜帶體結合物凝聚，因此，不會產生肉眼可見的沉澱物質的就是陽性反應。

陸、病原體的抗原

一、病毒抗原

病毒顆粒一般均含有核酸，為單股或雙股的DNA或RNA，外面包著蛋白質的外鞘(capsid)，外鞘乃是由許多相似而重覆的蛋白質分子所構成的，這種由核酸外包圍蛋白質外鞘合成的構造，叫做核心蛋白(core protein)。有的病毒在其外面另外又包著一層外套膜(envelope)，為脂質雙層，再加上來自宿主細胞膜上的醣蛋白，二者構成一個病毒體(virion)。

B細胞可以辨認病毒的部位有：(1)外套膜上的醣蛋白；(2)核心蛋白；及(3)基因蛋白等。辨認後可針對這些蛋白產生抗體，這些抗病毒抗體的作用方式有：(1)增強吞噬作用；(2)激活補體系統以溶解含外套膜的病毒；及(3)與病毒外套膜表面的蛋白質結合，抑制再感染其他細胞。

T細胞的反應通常則是辨認病毒內部的蛋白質，與抗原呈獻細胞合作，將抗原內部多胜切下，並展示出來，使Th細胞分泌淋巴素。

病毒抗原常可因變異(variation)而產生新的決定部位，稱為抗

原轉換(antigenic shift)；而發生在胺基酸變化上的小變異，則稱作抗原漂移(antigenic drift)。如愛滋病的HIV病毒即可快速改變其表面的醣蛋白。

二、細菌抗原

　　一個細菌的細胞雖然可以產生約上千萬種的蛋白質，但是主要的免疫原為細胞表面上的抗原決定部位，如：革蘭氏陽性細菌細胞壁上的胜肽醣(peptidoglycan)較厚，在革蘭氏陰性細菌細胞壁上的胜肽醣較薄，而其外圍的脂多醣體(lipopolysaccharide, LPS)是其主要的抗原，稱為O-抗原(O-antigen)，細胞壁外的莢膜含多醣或多胜，其作用方式與病毒抗原類似，乃經由吞噬作用後，呈獻給T細胞辨認。

三、寄生蟲抗原

　　寄生蟲可以分為原蟲(protozoa)及蠕蟲(helminth)兩大類。即使原蟲只是單細胞的生物，但其所能製造的蛋白質種類遠比細菌複雜千百倍，更何況多細胞的蠕蟲，在其生活史中又有不同時期形態構造上的變化，抗原性就更為複雜（寄生蟲的免疫將在第十四章詳述）。

柒、細胞增殖素

　　細胞增殖素(mitogens)是一種無專一性、能引起T細胞及B細胞多株分裂增殖的物質，通常是一種蛋白質，又叫植物增殖素(lectins)如植物凝集素(phytohemagglutinin, PHA)，其作用方式為與細胞膜上的醣蛋白結合，能使細胞凝集並分裂增生。

　　免疫學上常用的細胞增殖素有concanavalin A（Con A），為一種T細胞增殖素。豕草細胞增殖素（pokeweed mitogen, PWM）為一種T細胞與B細胞的增殖素。革蘭氏陰性菌上的脂多醣體則為一種B細胞的增殖素。

　　超級抗原（superantigen）是一種最有效的T細胞增殖素，在正常情況下，T細胞需藉T細胞受器及CD4同時辨認胜肽與MHC，而超級抗原則能直接與class II MHC及T細胞受器相結合，不管T細胞的專一性如何。例如：葡萄球菌內毒素（staphylococcal enterotoxin, SE）及毒性休克症毒素（toxic shock syndrome toxin 1, TSST1），乃為兩種由革蘭氏陽性的金黃色葡萄球菌（*Staphylococcal aureus*）所分泌的毒素，可作為超級抗原而引起大量（約五分之一）的T細胞活化，並釋放大量細胞激素，因而導致休克，甚至死亡。

第六章　抗體

在正常人的血清（serum）中有兩大類的蛋白質，即白蛋白（albumin）與球蛋白（globulin），球蛋白又可分爲α、β、及γ等三種（或分別稱爲甲種，乙種，丙種等三種）。當注射過抗原以後，人的血清球蛋白含量會顯著地增加，這些所增加的球蛋白即爲抗體，故抗體又稱爲免疫球蛋白（immunoglobulin, Ig），又因爲抗體主要存在於血清的γ球蛋白（γ globulin）部分，故一般又稱爲丙種（伽瑪）球蛋白，但實際上亦有少部分屬於β球蛋白（β globulin）。免疫球蛋白即爲由B細胞（或漿細胞）所產生的蛋白質，可辨認特殊的抗原決定部位，且能促進抗原的清除。

壹、抗體的產生

一、初次反應與二次反應

動物第一次接觸或注射某種抗原後，所產生的抗體反應，稱爲初次反應（primary response）。若第二次再接觸或注射此種抗原，就產生了二次反應（secondary response）。通常初次反應需要較長的時間，在7到14天之間反應達到一個高峰，而後下降。二次反應所需時間較短，5天之內已經超過初次反應許多，並且可以持續一段很長的時間（圖6-1）。

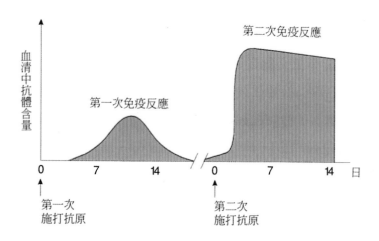

圖6-1　初次反應與二次反應，抗體產生所需的時間與血清中含量的差異。

二、影響抗體產生率的因素

使用同一抗原刺激後，產生抗體之能力與下列因素有關：

1.追加注射

個體對某一特定抗原產生初次反應後，再給與第二次注射此一相同抗原，稱爲追加注射（booster injection）。追加注射產生二次反應，會很快地生成大量而專一性的抗體，且此種高效價抗體，可以維持一段很長的時間。若個體同時注射兩種或兩種以上之抗原，也將產生與注射一種抗原相同情形，故可將追加注射原理應用於混合疫苗上，例如白喉類毒素、百日咳疫苗、破傷風類毒素混合疫苗，及麻疹、腮腺炎、德國麻疹混合疫苗（詳見第十五章）。

2.抗原在注射部位的吸收率及消失率

　　欲使抗體繼續保持高效價，便要設法使抗原留在被注射部位緩慢的被吸收。因此許多免疫注射劑中常加入佐劑，以延遲及增強組織的反應，並使抗原被固著於注射處，例如將可溶性抗原如白喉、破傷風的類毒素吸附在明礬、氫氧化鋁、或磷酸鋁的佐劑上。抗原中若加入脂質如羊毛脂、石臘、及死的結核桿菌，並混合以變成為乳劑，如佛氏佐劑，除了可以維持抗原濃度外，主要目的是協助Th細胞，以加強抗體反應與過敏反應。

貳、免疫球蛋白的研究史

　　在傳統上免疫球蛋白的研究始於分離血清，究竟血清是什麼？一般人常會混淆，把去掉血球後的血液稱為血清，其實那並不是免疫學上所謂的血清，而是血漿（plasma）。血清與血漿的區別，請見圖6-2。

　　提色留（Tiselius）及卡巴二人曾以雞蛋的白蛋白（albumin of egg white，OVA）當作抗原，注射到兔子體內而產生抗血清。取此兔子血清，若不加抗原，經電泳後，結果有4條色帶出現，即白蛋白與α、β、及γ球蛋白。但若加入抗原，抗體與抗原形成的沉澱，經電泳後，γ球蛋白部分的吸光度降低，表示含有抗體與抗原的沉澱了（圖6-3）。

　　波特（Porter）及艾德蒙（Edelman）分別闡明了免疫球蛋白分子的結構，他們將血清離心，取得γ球蛋白，並以沉澱速率分別出7S，分子量為150,000 Da的γ球蛋白，此即後來所知的免疫球蛋白G（immunoglobulin G, IgG），為此，他們得了1972年的諾貝爾獎。

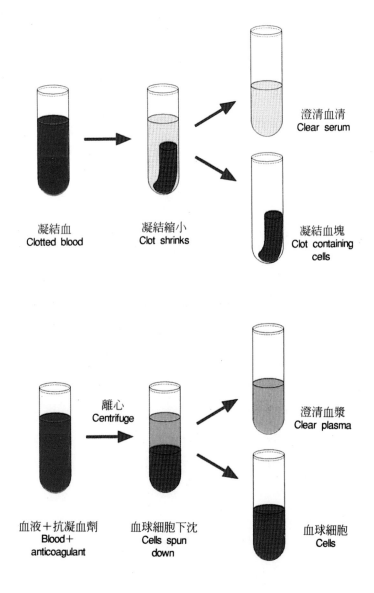

圖6-2 血清與血漿的區別

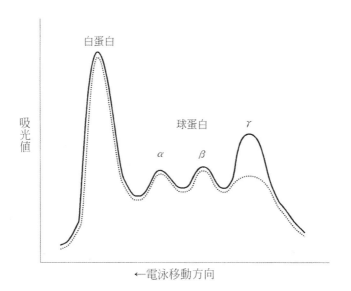

吸
光
值

白蛋白

球蛋白

α

β

γ

←電泳移動方向

圖6-3 提色留與卡巴的實驗，證明抗體存在於血清中，
且在血清的 γ 球蛋白部分，因與抗原形成的沉澱
後（下方虛線），此部分的吸光度降低。

　　波特再以木瓜酵素（papain）分解此種抗體，而得到兩個可與抗
原接合的Fab（fragment of antigen binding）片段，其分子量為
45,000 Da，所以只切斷對此酵素較為敏感的鍵，沒有破壞到與抗原
結合的能力，及一分子量為5,000 Da不能與抗原結合的Fc（fragment
of crystallization, Fc）片段（圖6-4）。

　　尼索諾（Nisonoff）則用胃蛋白酵素（pepsin）快速的分解抗體，結
果得到了F（ab′）₂（分子量100,000 Da）及一些小分子的多胜鏈。以木
瓜酵素或胃蛋白酵素處理抗體，其作用的位置請參見圖6-5。

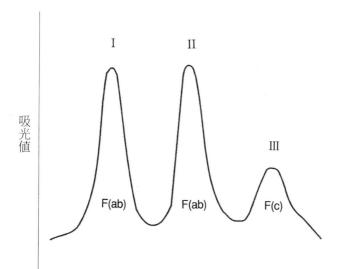

吸光值

I

II

III

F(ab)　　　F(ab)　　　F(c)

劃分管數目

圖6-4　波特以木瓜酵素分解免疫球蛋白後所得到兩個的
Fab與Fc片段，他當年是以陽離子交換樹脂做色
層分析，現今知道兩個Fab片段有相同分子量。

　　艾德蒙則用mercaptoethanol（ME）處理抗體後，並以澱粉膠體
電泳（starch gel electrophoresis），因分子間的雙硫鍵（S-S bonds）
分開，而證明IgG分子具有1條以上的多胜鏈，所以電泳後可得到大小
兩條色帶（圖6-6）。

　　波特做了另外一個實驗，單以Fab或Fc的片段去免疫動物並取其
血清。結果由打Fab所產生的抗體可與重鏈或輕鏈作用，但由打Fc所
產生的抗體只能與重鏈作用。因而證明Fab片段中含有輕鏈及重鏈的
一部分，而Fc片段中只含有重鏈。由此可組合出IgG的結構。

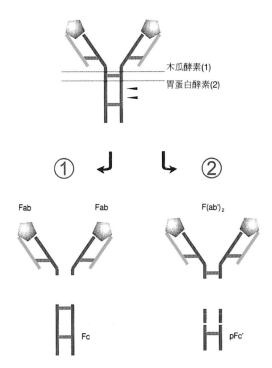

圖6-5 木瓜酵素與胃蛋白酵素處理抗體時
作用的位置及結果。

　　因此IgG分子量為150,000 Da，含二個分子量分別為50,000 Da的
重鏈，及二個分子量分別為25,000 Da的輕鏈。

參、免疫球蛋白的種類

　　免疫球蛋白共有五種類型，即A、D、E、G、及M型免疫球蛋白
（IgA、IgD、IgE、IgG、及IgM），這五種類型免疫球蛋白的基本構造

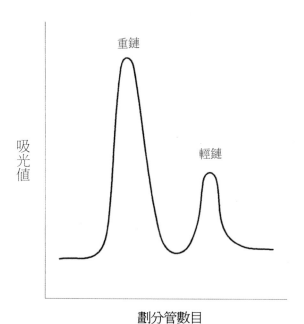

圖6-6　分子間雙硫鍵分開後的 γ 球蛋白，經分
子篩色層分析結果，證明具有一條以上
的多胜鏈。現今知道此球蛋白分子含有
兩條分子量約爲 **50,000 Da** 的重鏈，及
兩條分子量約爲**50,000 Da**的輕鏈。

類似（圖6-7），但其胺基酸的排列順序，及其所作用在抗原的性
質，則有很大的差異。每一種免疫球蛋白均具有重鏈(heavy poly-
peptide chain, H chain)及輕鏈(light polypeptide chain, L chain)，
而各鏈又具有含胺基(-NH₂)的可變(variable)區，及含羧基(-COOH)
爲末端的不變(constant)區（圖6-8）。

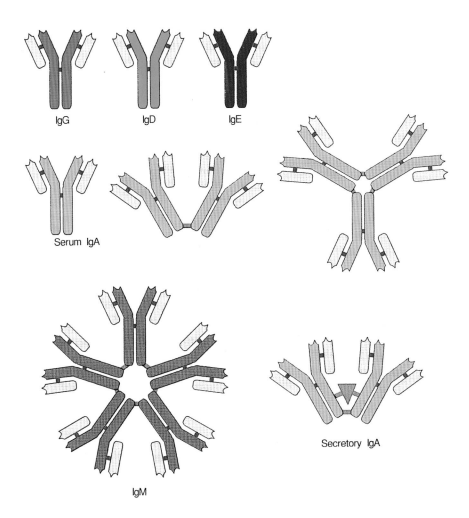

圖6-7 五種免疫球蛋白基本構造的比較。**IgD、IgE、IgG**基本上爲單
體，血清**IgA**可有單體、雙體、或三體等，但分泌型的**IgA**爲
雙體，**IgM**爲五倍體。

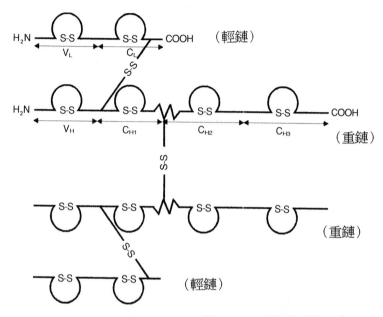

圖6-8 免疫球蛋白單體之基本構造。不論重鏈與輕鏈均含數
個約110個胺基酸組成的結構區，各鏈又有含胺基端
(-NH₂)的可變區(V)及含羧基端(COOH)的不變區(C)。

一、IgG

　　IgG是單體的免疫球蛋白分子，佔血清中免疫球蛋白的80％，其
結構可為$\gamma_2\kappa_2$或$\gamma_2\lambda_2$。有四個亞型(subclass)，人體內百分比依次為
IgG1佔65％，IgG2佔25％，IgG3佔7％，及IgG4佔3％。來自不同的
四個亞群重鏈基因，有90％-95％的同源性，其雙硫鍵的數目及排列
各有不同，還有樞紐區的長度亦不同。其功能包括：

1.通過胎盤保護胎兒，IgG為唯一能通過胎盤的免疫球蛋白，除了懷

孕期間保護胎兒外，並提供新生兒的免疫保護作用。

2.補體系統的活化（見第十二章），IgG分子能與補體結合，位置是在CH2結構區（見圖6-8）的雙硫鍵，補體活化功能的順序依次爲 IgG3＞IgG1＞IgG2＞IgG4。

3.結合在吞噬細胞的Fc上，擔任調理素，尤其是IgG1。

二、IgM

血清中含量爲5-10％，接在B-細胞上時爲單體(monomer)，由漿細胞分泌出來時則爲五倍體(pentamer)，分子量約爲900,000 Da。以雙硫鍵將其C端結構區連接。五倍體的中心乃與Fc區域相接，而露出10個抗原結合部位，可與10個半抗原的小分子相接。其中兩個單體間另有J鏈(J chain)，爲與Fc相連接的一種多胜，與單體之聚合及穩定有關。

IgM爲初次免疫反應的第一種免疫球蛋白產物，也是嬰兒所製造的第一種免疫球蛋白產物。因有10個抗原結合區，故可與多價的抗原結合，在凝集(agglutination)、沉澱(precipitation)、溶血(hemolysis)等反應，及補體的活化功能上，效用均比IgG要強，第一個 IgM分子即可固定Clq（見第十二章），而IgG則需兩個以上才能達成。IgM不易擴散，故在細胞組織液中很少。可以當作分泌型免疫球蛋白(secretory Ig)，但是比IgA差很多。

三、IgA

在漿細胞製造出來時，IgA多爲單體，但是要送到身體管腔部位或黏膜表面成爲分泌型的IgA之前，要先形成雙體，並加上J鏈及分泌片（圖6-9）。

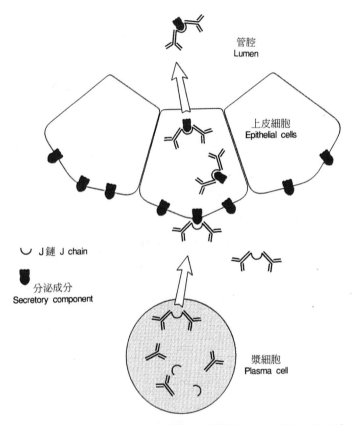

圖6-9 分泌型IgA的生成及分泌。單體的IgA在漿細胞製造，並組合爲雙體帶J鏈的IgA，IgA在通過上皮細胞時加上一個分泌片。

　　血清中含量爲10-15％，大多爲單體（90％），但IgA是每天分泌最多的一種免疫球蛋白，在黏膜表面（mucous membrane surface）擔任主要防禦者，黏膜免疫系統是外來致病原接觸人體時所遭遇的第一線防禦。黏膜免疫系統一方面以「非特異性免疫反應」，例如發炎

反應，在感染初期消滅致病原，或減輕致病原之致病力，另一方面則引發「特異性免疫反應」，針對特定之致病原施行防禦措施，A型免疫球蛋白就是此黏膜系統中特異性免疫反應之主導者。在唾液、膽汁、眼淚、汗水、母乳中，IgA與IgG之比值可高達100比1。

　　IgA的重要性，可由選擇性IgA缺失症病人身上獲得證實。選擇性IgA缺失症在「健康」捐血者中約佔五百分之一；這類病人常帶有自我免疫性疾病、過敏性體質、腸胃道不正常及經常性的呼吸道疾病，得到某種癌症（如胃癌）之機率也較正常人高。IgA是對抗病毒感染重要因素之一，特別是對防止流行性感冒等病毒誘發之疾病，IgA極為重要。

　　造成IgA缺失或分泌不足的機轉至今尚不明確，現有的研究報告指出，有數種可能性：包括B淋巴球成熟過程有缺失，輔助IgA製造之輔助性T細胞不正常，及IgA由組織中形成雙倍體，再分泌到腸腔或呼吸腔之過程出了問題。由於過多藥物之使用，也會造成IgA製造分泌能力的改變。

四、IgE

　　在血清中含量很少，只有0.3ug/ml，是引發即發性過敏反應（immediate hypersensitivity）的主要化學分子，也是單體結構的蛋白，可以用其Fc部位結合在肥大細胞和嗜鹼性球的表面。當這些細胞上的IgE與相對抗原（此時稱過敏原）結合時，即發性過敏反應可以用皮膚P-K反應（P-K reaction）來測試，把過敏者的少量血清，注射在非過敏者的皮下，則該處會有紅腫的產生。在寄生性蟯蟲感染時，血液中IgE濃度也會上升。

五、IgD

　　在血清中含量極低，IgD對酸或熱不安定，在體內的代謝速率很快，功能尚不清楚，是多發性骨髓瘤(multiple myeloma)病人首先產生的免疫球蛋白，也是接在B細胞表面最早出現的免疫球蛋白，與抗原刺激並活化B細胞有關，在B細胞表面當作受器，與抗原結合後，再讓B細胞增生繁殖。

肆、免疫球蛋白的結構研究

　　多發性骨髓瘤，是發生於漿細胞的一種癌症(plasmacytoma)，不須抗原活化，毫無限制地釋放出免疫球蛋白，而使血清及尿液中的免疫球蛋白濃度大大增高。這些原屬於漿細胞的癌細胞所分泌的免疫球蛋白，叫做脊髓瘤蛋白質(myeloma protein)，並可在尿液中發現過多球蛋白的輕鏈，叫做Bence-Jones蛋白質(B-J protein)。所以B細胞的病變，包括分泌完整的抗體，或只分泌重鏈，或只分泌輕鏈三種。不同的Bence-Jones蛋白質中，其輕鏈的可變區(V_L region)所含的100-110個胺基酸，亦各有不同。其不變區(C_L region)主要含有κ及λ二種，胺基酸次序大致相同，一個抗體的輕鏈會同是κ或同是λ，但不可能同時具有二者。人類的抗體中有40%是λ，60%是κ。以不同的Bence-Jones蛋白質互相比較，可明白抗體在胺基酸順序上的變化。

　　最近利用融合瘤細胞(hybridoma)技術，可產生大量的純抗體，稱為單株抗體(monoclonal antibody)。由於此種技術的發明，才克服了早期只能使用自發性的骨髓瘤病人B-J蛋白質研究抗體結構的缺

點，使近年來進行免疫球蛋白構造的研究能有所突破（單株抗體的技術詳見第十一章）。

重鏈上也有可變區稱爲V_H，V_H也有100-110個常有胺基酸變化的序列。其餘部分則按免疫球蛋白的類型IgA、D、E、G、M分別含有α、δ、ε、γ、μ等5個不同的不變區(C_H)。α、γ、及δ各含330個胺基酸，而μ、ε則各含440個胺基酸，能決定抗體的類型(class)，即IgA、IgG、IgD、IgM或IgE等。由α、γ的微差異又再分爲亞型(subclass)：如$α_1$、$α_2$，及$γ_1$、$γ_2$、$γ_3$、$γ_4$等。

結構區(domain)爲免疫球蛋白重鏈與輕鏈上，藉雙硫鍵所組成的同型構造單位。每一結構區約含110個胺基酸（圖6-7），並且大約60個胺基酸有一雙硫鍵形成一個環(loop)，使免疫球蛋白能摺疊成三度空間立體結構。在輕鏈上有2個結構區，重鏈則有4-5個結構區。

樞紐區(hinge region)爲介於Fc與Fab間的重鏈，能使免疫球蛋白分子具有彈性，有三個結合位置(binding site)可獨自作用，富含脯胺酸(proline)。只有α、γ、δ有此樞紐區，μ和ε則無，但在中央部位多一個110胺基酸的結構區。樞紐區可以增加IgA、IgG、IgD的彈性，但亦容易受到蛋白酶的分解。

高變化區(hypervariable region)爲互補決定區(complementary determine region, CDR)的同義字，乃位於重鏈與輕鏈的可變區中，還有T細胞受器上最有變化的部位，爲抗原結合部位(Ag-binding site)。通常重鏈與輕鏈各有三個高變化區，佔據整個可變區20%，其餘80%稱爲骨架區 (framework region, FR)。

伍、免疫球蛋白上的抗原決定部位

因為免疫球蛋白是蛋白質，它們本身即可能作為有效的免疫原，引起抗體反應，在免疫球蛋白的分子上，含有三種不同的抗原決定部位，分別敍述如下：

一、同類型原

不同生物種之間當然會有不同的同類型原（isotype determinant），同種間遺傳相同的不變區基因，使同種個體的血清中，產生相同的全部類別，若有不同種生物之抗原注入，則會產生抗同類型原抗體（anti-isotype antibody）。這可用來決定抗體的類型或亞型，主要為免疫球蛋白不變區上類型原的不同。

二、對偶型原

即使在同種間輸血中也會產生一抗對偶型原抗體，懷孕時媽媽可能因缺少某對偶型原（allotypic determinant），而對胎兒產生免疫球蛋白，不同品系同一型抗體之間，又有不同的決定子。

三、個體型原

V_H與V_L結構區上的一串胺基酸，可當作抗原結合部位，也可當作抗原決定個體型原（idiotypic determinant），表示來自不同株落的B細胞，對於調節免疫反應很重要。

在研究免疫球蛋白的結構時，許多科學家驚訝其複雜性，但是那些氨基酸複雜變化的來源，又使人不得不研究免疫球蛋白基因，這才發現更複雜的還在後頭。表6-1顯示同一個免疫球蛋白分子的κ及λ輕

鏈與重鏈的基因，竟然位在不同的染色體上。這就推翻了以前的「一基因一蛋白質（one gene one protein）」學說，最少要有兩個基因家族的基因才能組成一個免疫球蛋白輕鏈或重鏈。

表6-1 免疫球蛋白基因在人與鼠染色體上的位置

基因	染色體	
	人	鼠
λ輕鏈	22	16
κ輕鏈	2	6
重鏈	14	12

每個基因家族中，有不同的基因段（gene segment）。κ及λ輕鏈的基因含有L、V、J及C等基因段，而重鏈基因群中則含有指令合成重鏈的L、V、D、J及C等基因段。

一個個體之所以能生成多種不同的抗體，以應付千萬種可能入侵的抗原，主要是因為有多種V基因片段，及C基因片段。V、C二個基因段間可任意組合，故更進一步推翻了「一基因一蛋白質」（或一基因一多胜鏈）的學說。指令輕、重鏈的基因可以分別存在於不同的染色體上，二者可自由組合。

在B細胞的分化過程中，B細胞內會選出某些基因段加以重排（rearrangement），而成為能合成附在細胞膜上的IgM抗體之細胞。當第一次抗原進入個體時，會刺激B細胞增生，其中有些B細胞便可釋出其細胞膜上的IgM，有些則分化為記憶細胞。當相同的抗原第二次再刺激時，記憶細胞的DNA可經第二次重排成為漿細胞，以生成

其他類的抗體（主要為IgG抗體）。在漿細胞中，會組合出指令合成
一類輕鏈（κ或λ）的基因，以及指令合成一類重鏈的基因，由此組合
出的輕鏈及重鏈基因把密碼轉錄（transcription）給mRNA，再由
mRNA將密碼由細胞核帶到細胞質，mRNA就和核醣體結合一起，然
後以此mRNA當作模板（template），經由tRNA把各種不同的胺基酸
帶到這模板上，連接起來使成為一條重鏈或輕鏈，此重鏈及輕鏈再藉
雙硫鍵相連，並加上碳水化合物即成一完整的抗體。由細胞中釋出指
令合成輕鏈之基因中，在V段與J段基因間及J段C段之間有不表現的
intron段存在，此intron若經基因重組而切除掉，即成為V-J-C的基
因排列次序。成為一個具有活性的免疫球蛋白基因，可進行輕鏈的合
成。同理指令重鏈的基因，則重組為V-D-J-C，而成為活性免疫球
蛋白的基因。其中不同型的V基因段、D基因段及J基因段皆可任意接
合，以形成各種不同變化的可變區基因。

第七章　抗原與抗體間的反應

　　抗原與抗體的結合，並不是因為在兩者之間形成了共價鍵，而是藉著一些微弱的且短距離的力量。例如：離子鍵、氫鍵、凡得瓦力（van der Waals force）、及疏水性作用（hydrophobic interaction）等較弱的吸引力，使得抗原與抗體結合。因此抗原與抗體間結合力的強弱，主要取決於抗原決定位和抗體結合位間構型（conformation）的適合程度，有最佳適合性和最強結合力的抗體，則其對抗原就有較高的親和力（affinity），當抗原與抗體結合後再分離的傾向也較低。反之，低親和力之抗體，則較易與抗原再度分離。這便是抗原與抗體之間是否有高度專一性或有交叉反應（cross reaction）的原理。

壹、抗原抗體間的結合

　　所謂親和力，在免疫學上是指一個單價的半抗原，或抗原的決定部位與一個抗體之間結合力的強弱。單價半抗原是小分子，可以透過半透性膜，而抗體大分子則不能，故以平衡透析（見圖7-1）分析而達到平衡時，抗體與半抗原結合力強，則在半透性膜內部的半抗原濃度將遠超過在外部的濃度。抗體若不能與半抗原結合，則在半透性膜內部與外部的半抗原濃度相同。

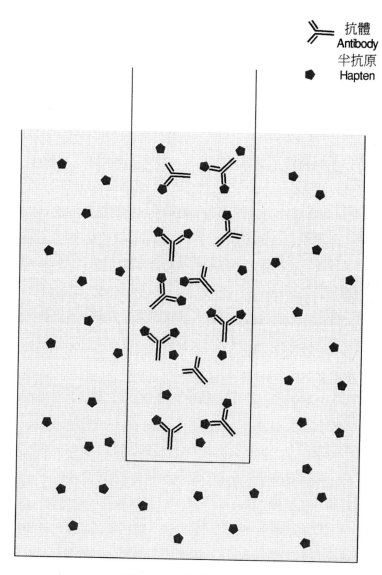

圖7-1　平衡透析

半抗原、或抗原的決定部位與抗體的結合，是一種可逆的化學反應，其方程式為：

$$Ab + H \xrightleftharpoons[Kd]{Ka} Ab \cdot H$$

其中H為半抗原，Ka為結合常數，Kd為解離常數，而一般抗原的濃度要看實際上其抗原決定部位的相對數目為準。故抗體親合力的大小與平衡常數Keq相關：

$$Keq = \frac{Ka}{Kd} = \frac{[Ab \cdot H]}{[Ab][H]}$$

抗原與抗體結合為免疫複體時的穩定性與抗體之總結合力（avidity）相關，親合力的大小當然會影響到總結合力，而多價（valence）的抗原，因含有較多數目的抗原決定部位，其總結合力自然較高，所形成的複體也較為穩定。

抗體專一性又稱為特異性，是指一抗體只對某一特定的抗原才發生反應。但由於不同的蛋白質可能擁有類似的抗原決定部位，例如牛血清白蛋白（bovine serum albumin, BSA）的某些抗原決定部位與人血清白蛋白（human serum albumin, HSA）類似，因此抗人體血清白蛋白的抗體，除了能與人血清白蛋白結合以外，也能與牛血清白蛋白結合。這種現象就是前面所說的交叉反應，交叉反應常是免疫反應中造成「偽陽性」（false positive）的主要原因，也是過去使用免疫診斷時，發生誤診的原因之一。

貳、抗原抗體反應的應用

利用抗原抗體之間特別專一性的結合，可以作為免疫分析的基礎，用來診斷疾病、檢驗刑事案件，以及鑑別物種血緣關係等。本章討論抗原抗體間常見的反應。

大多數的微生物都擁有許多抗原，例如細菌的莢膜多醣體、菌體蛋白質、菌體脂蛋白-碳水化合物複合體、外毒素及酵素等，當細菌感染動物時，這些抗原可以分別誘導個體產出各種抗體。由於抗原與抗體間具有高度專一性，因此應用在傳染病的實驗診斷上頗有價值。例如用已知的細菌抗原，鑑定病人體內是否因感染了此菌而有高效價抗體產生，或用已知的抗體來鑑定來路不明的抗原等。近年來在免疫化學（immunochemistry）上的發展，使得臨床免疫疾病、傳染性疾病、腫瘤疾病及內分泌疾病等的診斷及治療，在速度與準確性上均大為提昇。

大部分抗原性物質均具有種別上的專一性，因此利用抗原-抗體微妙反應之專一性，很容易就能把人類和其他動物的蛋白質加以區別。而利用交叉反應可以探討不同種動物間之親緣關係，親源關係相近的物種，其蛋白質構造相似，比較能發生交叉反應。但某些廣佈於多種動物中的抗原，例如Forssman抗原（又稱異嗜性抗原）存於小白鼠、狗、貓、魚、雞之器官，以及羊的紅血球及一些細菌中，不具有種別專一性（species-specific）。

由於抗原抗體反應的專一性與靈敏度不同，故在醫療上可以被廣

泛應用。實際應用的例子，如(1)定量方面：檢查病人血清中對抗某種病原的抗體效價(antibody titer)升高的情形，以作為診斷此病人是否被此種病原菌感染的依據（例如沙門氏菌感染），在病原菌引起的患病過程中，對抗此菌的特異性抗體將繼續增高。(2)定性方面：血型鑑定、B型肝炎抗原檢查等，在抗原抗體反應中，只要知道其中一方，便能鑑定出未知的另一方。因為抗體在傳統上均由血清中取得，所以在過去，凡是研究抗原與抗體間反應的學問，就稱為血清學(serology)。常見的血清學反應如下：

參、沈澱反應

沈澱反應(precipitation reaction)為在可溶性抗原溶液（如外毒素、類毒素、或異種動物血清）與其抗體溶液（抗血清）之間，第一個可以被觀察到的抗原與抗體反應。反應之初，會很快的形成可溶性抗原抗體複合物，然後這些可溶性抗原抗體複合物，再慢慢聚集成肉眼可見的沈澱物。要使整個沈澱反應完全，需要一小時以上，溫度愈高，反應速率愈快。

一、沉澱曲線

如在等量之血清中加入不同量的抗原時，當抗原量逐漸增加，則沉澱物也逐漸增加，但如果加入過量的抗原，沉澱物反而減少，這樣就可形成一條沉澱之曲線（見圖7-2）。由沉澱反應所形成抗原抗體複合物沈澱量的多寡，與兩者之相對含量有關。當抗原與抗體量成最適合的比例時，即在等價界時，反應進行最快且抗原和抗體完全結合

並沈澱，故有最大的沉澱作用。在抗原或抗體過量區內，則會形成溶解性的抗原-抗體複合物，故沈澱作用被部分或完全抑制。引起沈澱反應最有效的抗體為IgG，次之為IgM，IgA則不一定有作用。

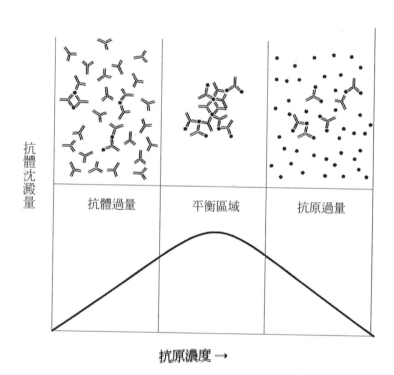

圖7-2　沉澱曲線。沉澱之形成可用抗原抗體反應之網狀格子假說解釋。

在沉澱曲線中央的區域，可以稱之為當量區（equivalence），在此區內抗原與抗體的濃度達到最適當的比例，所得到的沉澱物量最多。若把沉澱物移去，僅測定上清液，將測不到抗原或抗體。此時，

抗原分子上的各個決定部位將與抗體的雙價結合位形成三度空間的網狀格子，彼此緊密的連接在一起。這就是馬瑞克(Marrack)在1934年所提出來的「網狀格子假說(lattice hypothesis)」。

在曲線左邊的區域是抗體過量區，僅有一部分抗體上，可能有一個結合位有抗原連接，但無法形成沉澱，稱為前沉澱區(prozone)現象。在區線右邊的區域處於抗原過量狀態，僅有少量沉澱物形成，因為抗原上的數個決定位之中，只有一個能與抗體結合，因而無法形成網狀格子。這種情形稱為後沉澱區(postzone)現象。

已知抗體如IgG、IgA及IgE等均具有兩個結合位，而IgM則具有十個有效的結合位。抗原分子上的抗原決定位數目的多寡，與其化學結構有關，所以各種抗原分子的抗原決定部位數目差異頗大。從抗原抗體立體網狀複合物的結構，可以推測每個抗原分子，最少須有四至五個抗原決定部位，才可能形成網狀複合物，而在沉澱當量區的抗體／抗原分子數的比例大約是3：1或4：1。一般的抗原分子上可能有數個抗原決定部位，但是很少會有相同而重覆的決定部位，因此若僅採用單一種單株抗體，將不會有沉澱形成，因為同一種單株抗體無法使抗原分子上不同的抗原決定部位相連結，而形成網狀結構。

二、影響沉澱反應的因素

1.溫度：

在某些沉澱反應中，0°C和37°C所得到的沉澱可能量一樣多，但是大多數的抗血清，僅在某一個特定的溫度下才有較佳的沉澱反應。通常可以將抗血清與抗原的混合液先置於37°C數小時，再轉置於0°C或4°C培育一段較長的時間，以得到最佳沉澱反應。

2.pH值：

　　溶液的pH值在6至7.5之間，會有較多免疫複合體形成，過高或過低的pH值，會阻礙免疫複合物的形成，而在強酸或強鹼性溶液中，蛋白質本身會因為變性作用而失去活性。

3.鹽類濃度：

　　在通常沉澱反應所採用的鹽類是氯化鈉（NaCl）。一般而言，較高濃度的鹽溶液，會使免疫複合物的溶解度增加，不過0.15 M鹽類濃度是一個界限，超過此濃度會使沉澱物逐漸減少。研究結果顯示，從鳥類取得之抗血清，在較高濃度的鹽液中，會有較多沉澱物形成。

4.抗體特性：

　　抗體對抗原的專一性和親和力，也會影響沉澱反應的速率。所謂「抗體的專一性」，是指抗體對一群抗原性相似的物質，所表現的結合性。專一性較高的抗體，只會與其相對應的特定抗原結合，對其他類似的抗原不會有反應。專一性高、親和力強的抗血清，與相對應抗原結合時，反應進行很快，但是對於一些與抗原極相似的物質，也可能會有沉澱作用。反之，高專一性、低親和力的抗體，僅會與相對應之抗原作用，對其他的類似抗原物質則不會有沉澱形成。抗體的總結合力對沉澱反應而言，也是一個重要的因素。所謂抗體的總結合力，是指抗體與抗原結合後的穩定度。若總結合力高，則免疫複合物的解離度和溶解度低。

5.抗原與抗體的比例：

　　若依前面所提到網狀格子的沉澱理論推測，當一個免疫複合物形成之後，若在溶液中繼續加入過量的抗體或抗原，結果可能會使免疫

複合物的溶解度增加。但事實上的觀察卻發現到，某些抗原抗體沉澱物形成後，即使再加入過量的抗原或抗體，仍然不會有溶解的現象。

三、膠體沉澱反應

在液體中進行的沈澱反應，一般不能辨別有幾種抗原抗體系統存在。但若沈澱反應在軟瓊脂的半固態膠體(gel)環境中進行，稱為膠體沈澱反應，則因為不同種的抗原在軟瓊脂膠體中的擴散速率不同，結果不同種抗原可在不同的擴散距離處，與其相對應最適宜比例的抗體反應，而產生沈澱線，因此可用肉眼分辨出有幾種抗原抗體系統存在。利用沈澱反應在軟瓊脂中進行的免疫雙向擴散法(immuno-double diffusion)，可以區別血清中不同抗體與不同抗原間的作用。藉著產生不同形狀的沈澱線，可以說明不同抗原間的三種基本關係：即相似(identity)、部分相似(partial identity)、及完全不同(nonidentity)（圖7-3）。

以上技術只能用於對抗原與抗體作定性分析，但若利用免疫化學的方法，在瓊脂中加以改良為單向免疫擴散(single radial diffusion, SRD)，則可以對抗原或抗體作相對的定量分析（圖7-4）。如定量抗原時，其方法為在一含抗體濃度固定且均勻的瓊脂平板中，挖洞並加入抗原，隨著抗原濃度之不同，則在不同的擴散距離處，才能與濃度固定的抗體有適當比例，而反應產生沈澱環。沈澱環的直徑與抗原的濃度成正比，只要得到沈澱環直徑與已知抗原濃度間關係的標準曲線，便可測量待測抗原的濃度了。

然而，有些抗原因為太複雜了，無法用簡單的擴散與沈澱的方法來分析。因此就有人發展了免疫電泳(immunoelectrophoresis)的技

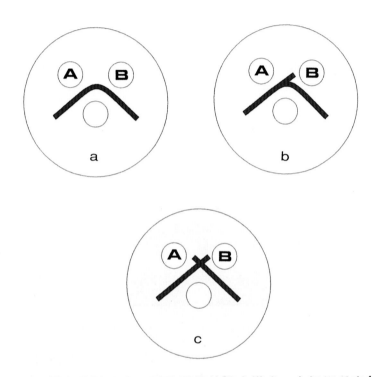

圖7-3 免疫雙向擴散法中三種沈澱線的基本樣式。在相似反應(a)中，抗體與兩種受測抗原間形成的沈澱線完全融合成弧(arc)狀，表示抗體與相同或相似的抗原反應，此結果並不表示抗原完全相同，而只能表示此抗體無法區別其不同。在部分相似反應(b)中，二抗原間具有相同的抗原決定位置，但其中A抗原又另具一額外的抗原決定位置，除產生一相同的弧線外，又有一刺狀沈澱，表示二種抗原間只有部分相同性。在完全不同反應(c)中，此抗體可以區別二種不同的抗原，因為它們形成不同的沈澱線。

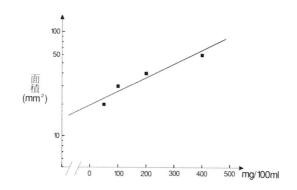

圖7-4　單向免疫擴散。可對抗原或抗體作相對的
　　　　定量分析，在此圖的例子中，將抗 **IgA** 之
　　　　抗血清均勻的混合在軟瓊脂膠體中，用以
　　　　測量血清IgA之濃度。

術，亦即先將抗原依其電荷不同而將之分開，然後再與抗體產生免疫
擴散反應，形成沈澱。更進一步，若在膠質上加電壓使抗原與抗體移
動，則免疫雙向擴散技術改良爲逆電流電泳（contercurrent elect-
rophoresis），而將單向免疫擴散可改良爲火箭型電泳法（rocket
electrophoresis）。這些技術可用來分析濃度在2與20 mg/ml間的抗
原或抗體。

肆、凝集反應

凝集反應(agglutination reaction)為顆粒性抗原（如細菌、細胞、紅血球等）懸浮液，與其抗體溶液的反應，由於反應結果使顆粒性抗原凝集成塊狀，故稱凝集反應。

高溫（37-56℃）、搖動、攪拌、和離心等，均能增加抗原與抗體接觸之機會，有助於凝集反應的發生。凝集物的外觀，隨抗原而不同，例如細菌鞭毛抗原（H抗原）與其H抗體反應結果為毛絮狀凝集物，而菌體抗原（O抗原）與O抗體反應，則產生顆粒塊狀凝集物。凝集反應必需在0.15 M NaCl溶液中進行，以便克服細菌表面的陰電荷，使得抗體能在菌體間形成橋樑，太低的離子濃度無法引起凝集反應；反之，過高的離子濃度，即使在無抗體情況下，也可能會引起自動凝集作用(autoagglutination)。凝集反應可分為下列幾種：

一、共凝集反應

葡萄球菌的A蛋白(protein A)能固著於任何抗體的Fc部分。故利用附著了已知抗體的葡萄球菌，與特定的抗原混合時便會形成凝集，稱為共凝集反應(co-agglutination)。以此方法可利用已知的抗體，來測定未知的抗原。

二、被動凝集反應

被動凝集反應(passive agglutination)，是把可溶性抗原以非共價鍵被動地結合於細胞或顆粒表面，最常用的對象為紅血球(red blood cell, RBC)，當抗原與抗體反應時，雖然抗原本身並非顆粒性抗

原，但因爲被包覆在紅血球上，就導致顆粒性的凝集了。

三、血型與凝集反應

在紅血球的表面有 A 及 B 兩種抗原，兩種抗原均爲寡醣類（oligosaccharide），除了存在於紅血球表面外，也存在於組織液及分泌液（如唾液、精液、胃液、汗水）中、及其他組織的細胞上，如精蟲、肌肉、腎、肝細胞等的表面。

一個血型 A 型者會對 A 抗原產生免疫耐受性，但會自然產生對抗 B 抗原之抗體，反之亦然。此對抗血型抗原的抗體一般爲 IgM，是輸血時導致凝血的重要因子。一般人血型分爲四類，以下表表示：

表7-1　人類的血型

血型	基因	RBC上有凝集原	血清內含有凝集素
A	AA或AO	A	anti-B
B	BB或BO	B	anti-A
AB	AB	A和B	無
O	OO	無	anti-A和anti-B

除了 ABO 血型系統外，人類還有許多不同種的血型系統，均與紅血球表面之抗原有關，最有名的就是 Rh 系統。雖然 Rh 抗原族含有大量的抗原種類及基因的複雜性，但在臨床上只有 D 抗原具有重要影響（見第十三章），由 D 抗原之有、無，決定一個人的紅血球是 Rh（+）或 Rh（-），當有抗 D 抗原的抗體時，會使 Rh（+）的紅血球凝集並溶解，此種對抗 D 抗原的抗體，主要爲 IgG，由於 IgG 能通過胎盤，因此一個 Rh（-）婦女經多次輸入 Rh（+）血液後，一旦懷有 Rh（+）的胎兒時，則

會破壞胎兒的紅血球。另一種造成Rh(＋)胎兒的紅血球破壞的原因為：Rh(－)婦女與Rh(＋)男子結婚，其胎兒多為Rh(＋)，在分娩過程中，胎兒的紅血球可經胎盤縫隙而進入母體，刺激母體產生抗體(IgG)，在第二胎懷孕時此抗體經胎盤進入胎兒血流，使Rh(＋)的胎兒紅血球發生凝集溶解，造成新生兒的溶血性貧血與黃疸，稱為胎兒有核紅血球症(erythroblastosis fetalis)。這種情形在Rh(－)的母親中間，初產婦較少發生，而多產婦則多見。

　　如果母親有同種異體血球凝集素(isohemagglutinin)，可以摧毀任何胎兒進入母體的紅血球，則胎兒的D抗原就不能使母親產生抗D抗體，於是第二胎懷孕時的溶血現象就可避免。例如：O型Rh(－)的母親懷了A型Rh(＋)的胎兒，當分娩時由胎盤進入母體的胎兒A型紅血球可被母體的抗A抗體破壞，所以胎兒紅血球上的D抗原還來不及刺激母體產生抗D抗體前就被破壞了。同樣利用此原理，凡Rh(－)血型的母親，在第一次生產後72小時內打入抗D抗體，將進入體內的D抗原破壞，就可達到預防的作用。

　　最初研究Rh抗原時曾遇到一些困難，即發現抗Rh的抗體雖能與Rh(＋)的紅血球發生專一性反應，但卻不造成凝集，此乃由於紅血球上可和抗體結合的部位很少，再加上紅血球表面的負電荷甚強，以致紅血球間的排斥力較大，因此抗Rh的抗體不能使Rh(＋)紅血球發生凝集，故稱抗Rh的抗體為不完全抗體。要使已結合抗Rh的抗體的Rh(＋)紅血球凝集，必須另外加入昆氏(Coombs')血清，因其內含一種抗體，即抗人球蛋白(anti-human globulin)，能與人類的抗體分子結合。

表7-2　A、B、O血型系統與Rh血型系統的比較

血型系統	主要血型抗原	抗　　體	造成紅血球凝集溶血的情形
ABO	A抗原 B抗原	IgM，自然產生，不需經抗原刺激	如A與B型間的互相輸血或AB型輸血給O型者
Rh	D抗原	IgG，不自然產生，需經抗原刺激	Rh（－）多次接受Rh（＋）的血液 懷有Rh（＋）胎兒的Rh（－）多產婦

四、血球凝集反應的應用

利用血球凝集反應(haemagglutination)可以偵測出更低濃度的抗體，此反應作用是由於抗體具有與紅血球表面抗原結合的能力。血球凝集試驗可用來偵測對紅血球抗原所產生的抗體。作法是先用生理食鹽水將抗體作一系列稀釋，通常是2倍稀釋後，置入血球凝集盤的各孔槽中(圖7-5)，將紅血球懸浮液分別加入盤中，最終細胞濃度約為1％。若抗體的量足以使血球凝集，它們會在孔槽的底部形成一聚集物，若無足夠量的抗體則血球會下滑至孔槽的底部，而形成一邊緣整齊的紅點。有些抗體不能有效地使血球凝集，則可利用間接凝集反應，此法是加入第二種抗體，使之與附著於紅血球表面的抗體結合。將不同抗原吸附於紅血球表面，利用紅血球凝集反應，可測定血球以外的抗原。利用氯化鉻、單寧酸、戊二醛(glutaraldehyde)、以及其他許多化學物質，均可將特殊抗原固著於紅血球表面。

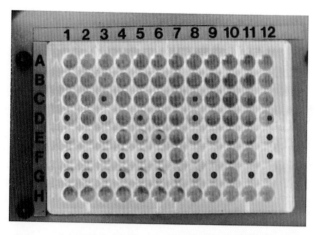

圖7-5　血球凝集試驗，其中第10列爲陽性控制組。

第八章　主要組織相容複體

　　「身體對外來細胞表面分子的免疫反應，造成整個外來組織的被排斥」，這樣的概念起源自1930年代中期開始的研究，而當時所稱「細胞表面的分子」現在已經定名爲「組織相容抗原」(histocompatibility antigen)。自1960年代末期到目前爲止，已經研究的哺乳類細胞中，都具有一系列約40～50個連續而緊密排列的基因，即爲主要組織相容複體(major histocompatibility complex, MHC)，目前MHC的功能已經逐漸明白，主要功能涉及細胞之間的自我辨認(self/nonself discrimination)。MHC可以決定「移植的器官」是因爲組織相容(histocompatible)而被接受，或是因爲組織不相容(histoincompatible)而被排斥。MHC在體液免疫及細胞免疫反應的發展上，均擔任重要的角色。如前面幾章所述，T細胞辨識抗原時，MHC擔任著關鍵性的角色。因此，MHC會影響個體對病原體的反應，並涉及對於疾病的感受性，以及自體免疫(autoimmunity)的發生。本章將舉例說明MHC基因的組成、遺傳、MHC分子的構造與功能及MHC與傳染病感受性的關係。

壹、MHC的位置

　　葛瑞(R. A. Gorer)首先利用近親交配的老鼠，鑑定出血球抗原

(blood-cell antigen)的四群基因——group I、II、III、及IV，接著在1930年代研究小鼠的組織移植(tissue transplantation)時，鑑定出MHC的位置。

小鼠的MHC位於第十七對染色體上，影響到被移植的組織是否能被宿主接受。葛瑞與史諾(G. D. Snell)的研究發現，其中的第二群(group II)抗原涉及了腫瘤或其他組織移殖時的排斥現象。史諾稱這些基因為組織相容基因(histocompatibility gene)。他參考葛瑞的第二群血球抗原(group II blood-group antigen)，將其命名為(histocompatibility-2，H-2 gene)，經過了將近五十年，他才在1980年因這個研究結果而榮獲諾貝爾獎，這次得獎也給許多長時間埋在研究室的科學家一個精神鼓勵。

在人類也有相似的基因，其位置於1950年代在巴黎大學被鑑定出來，那是位在人類的第六對染色體上。由MHC基因所解讀(encode)出的蛋白質基本上有三種形式，即第一、二及三類（class I、II及III）三種，每一類都有很高的歧異度，人或老鼠的每一類，幾乎都有超過100種以上的形式，但一般只會表現出3到6種形式。在人類為HLA複體；在老鼠則為H-2複體。

一、第一類分子

第一類(class I)分子分佈在幾乎所有真核（具有細胞核）的細胞上，其表面的醣蛋白可與外來抗原結合，用以代表自己已被改變的胜肽抗原，給毒殺性T細胞辨認，才不會破壞此細胞。

二、第二類分子

第二類(class II)分子主要分佈在抗原呈獻細胞的表面，用以呈

獻已經處理過的抗原性胜肽給輔助性T細胞。

三、第三類分子

第三類(class III)分子為其他與免疫反應有關的產物，如可溶性血清蛋白及腫瘤壞死因子(tumor necrosis factor, TNF)等，可溶性血清蛋白中，有許多是補體系統的成分。

貳、MHC的基因控制

一、MHC基因分區

人與鼠MHC基因的排列，可均分為四個區域，老鼠的H-2複體為K、I、S及D等四區，在人類則為D、B、A等三區：

(1)第一類(class I)基因：在老鼠由K及D二區控制，二者不連續分佈，以下兩類基因分割開。在人類則為A、B、C三區。此外，在老鼠的H-2旁還有Qa及Tla，也可以解讀出第一類的MHC分子。

(2)第二類(class II)基因：在老鼠為I區，下分IA及IE二個亞區(subregion)，在人類為D區，下分DR，DP，及DQ三亞區。

(3)第三類(class III)基因：在老鼠為S區，代表產生可溶性蛋白質(soluble protein)的區域，在人類為C4、C2、Bf（其名稱與其所解讀出的補體有關）區。

二、老鼠MHC基因的遺傳

MHC基因具高度的多形性(polymorphism)，也就是說，在一個基因位置上，具有多個不同形式的對偶基因。各基因緊密的排列在

一起，其重組的機率只有0.5%。

　　野生的老鼠，通常都是異基因型，來自父母系的MHC基因都能表現，是共同顯性表現（codominantly expressed）。不同原基因型品系（prototype strain）的老鼠，也有可能帶有相同的MHC單套（haplotype）基因型，它們之間的不同處，在於H-2複體以外的基因。當兩個不同的近親交配品系（inbrid strain）各具有不同的MHC單套基因型，其交配後的F1子代，將同時具有父母系的MHC蛋白質，因此可以接受來自父母親雙方品系的移植。異基因型的野生種老鼠交配後，其父母方雙方二個對偶基因都能表現，交配後所產生的F1子代，各遺傳一套父母系的MHC對偶基因。這樣的子代能在所有細胞的表面，表現出父系的一半及母系的一半第一類MHC分子。故接受父親或母親的移植時，都將會發生排斥的現象。而其兄弟姊妹之間，只有四分之一的機會，會遺傳到相同的父母親單套基因型。

　　第二類MHC分子具有兩個不同的多胜肽鏈，即α鏈與β鏈，分別在H-2複體上的IA及IE亞區的控制下所合成。子代不僅具有父母親的MHC分子，也具有分別由父母親的α及β組合而成的MHC分子。在一個細胞中的第二類MHC基因有將近10～20種，因為除了父母親的α、β鏈的組合外，在IA及IE上也有不只一種有用的β基因。因此將有多種不同的MHC分子，可用以呈現多種不同的抗原性胜肽。

三、共通基因型老鼠品系

　　當兩個同種的生物品系除了單單一個遺傳基因的位置或區域不同以外，其他的基因都完全相同時，我們稱此二品系為共通基因型（congenic）。為了明白MHC在免疫學上的作用，必須想辦法得到僅

在特殊位置上的MHC不同，其餘基因都相同的共通基因型老鼠品系，步驟如下：

(1)取品系A與品系B老鼠交配得F1子代。

(2)用F1子代自己做近親交配(interbreeding)，得F2子代老鼠。

(3)利用皮膚移植的方法，在F2子代中選出能排斥品系A皮膚移植者，即其在H-2上與品系A不同，其基因型為b/b者。

(4)取此子代與品系A交配，即反交(backcross)。

(5)再取其子代做近親交配。

(6)如此近親交配、篩選、反交繼續重覆至少十次，可以得到除了一個H-2複體與品系B相同之外，其他所有基因都與品系A相同的品系，稱作A、B鼠。在製造共通基因型老鼠時，有時會在H-2複體內發生基因互換的現象，而產生許多重組(recombinant)共通基因型品系，可用以分析MHC的功能。

參、MHC的角色

在遺傳上，MHC為一大群基因型的複合體遺傳，含有許多的區域，但是可以解讀成為二種主要的抗原，即第一類與第二類的MHC。MHC分子之主要功能為抗原辨識。但並不像B或T細胞受器對抗原那麼具有專一性。第一及第二類MHC分子都有一構造不同的最遠區，其胺基酸序列有很多的變異，此最遠區可形成一凹陷(cleft)，即抗原胜肽結合凹陷(peptide-binding cleft)，用來呈獻抗原給T細胞受器。因為胜肽結合凹陷由基因決定，因此一個抗原呈獻

細胞呈獻抗原的能力是受到遺傳所控制的。

第二類MHC分子在T細胞的增殖上也扮演著重要的角色，例如將兩種不同近親品系來源的淋巴球混合在一起培養，則這些細胞將會因異己細胞表面MHC抗原的不同，而開始增殖，稱作混合淋巴球反應(mixed lymphocyte reaction, MLR)。

MLR的反應程度，可以加入放射性的胸腺嘧啶([³H]thymidine)於培養基中而加以定量。當這些細胞繁殖時，放射性元素將會被納入子細胞的DNA中，因此由DNA中放射性的含量，即可定出其增殖的程度。MLR又分為二種，雙向MLR(two-way MLR)及單向MLR(one-way MLR)。兩種不同品系的淋巴球混合培養時，若二者都能繁殖者，為雙向MLR。單向MLR則只有其中一種淋巴球可以繁殖，此種淋巴球稱為反應者(responder)，而另一種淋巴球則是先以X光照射，以破壞其染色體，或以mitomycin C處理，抑制其紡錘體的形成，而使其不能增殖，只能當作刺激者(stimulator)用。利用單向MLR以培養不同共通基因型重組品系的淋巴球，可以決定是那一個區域的MHC可以產生最強烈的MLR反應。實驗發現，當反應者與刺激者之間在I區域有差異時，對於淋巴球增殖的影響最大。

肆、第三類MHC分子與基因

第三類MHC分子不是膜蛋白，也與抗原的呈獻無關。目前已知某些疾病與第三類MHC基因區的失調有關，如關節黏連性脊椎炎(ankylosing spondylitis)與HLA複體的B27基因區(HLA-B27 allele)有密切的關係。此疾病的主要特徵爲軟骨的崩解，可能是由於HLA-B區基因位置與TNF-α和TNF-β二個腫瘤壞死因子的基因緊密排列在一起，而其產生之細胞素可能直接參與軟骨的崩解。另有全身性紅斑狼瘡(systematic lupus erythematosus, SLE)與MHC基因有關，其特徵爲：自體抗體的生成(autoantibody production)、免疫複體的沉澱(deposition of immune complex)、及補體性的傷害。可能是由於第三類MHC基因的失調，使疾病變得如此嚴重。

據推測，可能另外還有其他的疾病與第三類MHC基因的產物有關，如某些自體免疫疾病(autoimmune disease)，與TNFα及TNFβ增加MHC的作用有關。熱休克蛋白質(heat shock protein, HSP)亦爲第三類MHC基因產物，乃因許多逆境壓力而由細胞所產生；如溫度變化、營養不足、氧離子或病毒感染等。這些蛋白質與不完整的、或形狀異常的蛋白質結合，而引起與抗原呈獻有關的蛋白質在細胞內的移位(intracellular trafficking)，此乃由於這些蛋白質與核仁中的核糖蛋白質(ribonucleoprotein, RNP)結合。據推測熱休克蛋白質可能與某些自體免疫疾病有關（自體免疫疾病將於第十三章討論）。

伍、MHC與免疫反應的強弱

不同的單套基因型的動物會產生不同程度的免疫反應，究其原因，可以用兩種理論模式解釋：

(1)抗原結合選擇模式(determinant-selection model)：不同的MHC分子，對於抗原的結合能力有所不同。MHC分子的結

構決定其與抗原的結合力，因此要對某一抗原有反應，必須具有一個能與之結合的MHC。由於MHC的多型性，在同種生物間，對於不同的抗原，將會有不同的反應或不反應類型組合產生。如果此模式正確，則來自不同的反應者及不反應者（nonresponder）品系動物的第三類MHC分子，將會與不同的抗原結合。

(2)辨識受器消失模式（holes-in-the-repertoire model）：T細胞攜帶用以辨識外來抗原的受器，在胸腺調理（thymic processing）過程中逐漸消失。

可能兩種模式都有關，因為不論是MHC分子或T細胞受器分子，二者中任何一方面有缺失，結果都會造成免疫反應的缺失。

第九章　抗原的處理與呈獻

　　為了使外來的蛋白質抗原能被T細胞辨識，抗原呈獻細胞必須先將其分解成較小的胜肽分子，再與MHC分子相連結，如此才能與T細胞上的受器相結合。而此一過程，即稱為抗原處理過程（antigen precessing）。

　　脊椎動物的免疫系統，是靠著偵測到入侵者（即抗原）出現的訊號而對其產生反應，但能被辨識的抗原卻不單只是指致病菌成分的某一小片段而已，抗原可以說是宿主細胞自己構築出來的，是將致病菌蛋白質的一個小片段加上宿主細胞自己的MHC蛋白質結合的複合物。

　　抗原呈獻的過程會受到某一機制的牽繫，這個機制是細胞內蛋白質的合成、循環、及運輸的機制。不論是健康或是生病的細胞，抗原呈獻的過程，都是在這種分子層次之下被研究出來的，而其最終目的，乃是為了要對疾病，如癌症，找到較好的預防或治療方法。

壹、免疫系統如何運作？

　　免疫系統利用大量的淋巴球來進行免疫反應，淋巴球表面的受器和抗原之間有很高的親和力。每個淋巴球的受器並不盡相同，因此便能和許多不同種的特定抗原結合，而具有特別專一性。據免疫學家的估計，一般正常人至少約具有10^8種不同的抗原接受器。

一、細胞外：主要由體液性免疫負責

　　許多較大的細菌或是寄生蟲，特別是蠕蟲，會寄生在身體細胞外的空腔，免疫系統佈置了可溶性抗原的接受器，即由B淋巴球製造出來的抗體，來控制這些有機的生物體。

二、細胞內：主要由細胞性免疫負責

　　病毒、許多較小的細菌及原生動物類的寄生蟲等，如引起瘧疾、非洲睡眠病、利士曼原蟲病（鞭毛蟲感染的疾病）的致病物，較不容易被抗體消除，因為這些致病物能感染到細胞內，而抗體無法進入細胞，所以此時由免疫系統的另一個部門，細胞性免疫來控制。

　　宿主細胞表面帶有MHC分子，在被感染的細胞中，這些MHC分子會和一些比較小的胜肽結合在一起，而這些胜肽可能是來自寄生蟲成分的一些片段。免疫系統中殺手T細胞的受器，會辨認出寄生蟲的胜肽和宿主細胞MHC分子組合而成的複合物，而有選擇性的殺死被感染的細胞。

　　體內另有一類細胞，如巨噬細胞等，平常就在體內巡邏，攝取細胞外發現的物質，並分解這些物質使其成為胜肽，再以抗原的方式來呈獻這些胜肽。能處理抗原並呈獻其胜肽的細胞，除巨噬細胞外，尚有許多種，列在表9-1中說明。

　　因此抗原依其被辨認的位置、作用的細胞、呈獻的方式、及其辨識的分子，可以分為兩種類型：外生性抗原（exogenous antigen）由抗原呈獻細胞、巨噬細胞及B細胞所辨識，經內吞小體處理路徑（endosomal processing pathway），由細胞表面第二類MHC及CD4分子，共同呈獻給Th細胞。而內生性抗原（endogenous antigen）如病毒

蛋白質等細胞中出現的蛋白質，則經一般有核細胞處理後，由第一類MHC及CD8分子呈獻給Tc細胞。

表9-1　人體抗原呈獻細胞的種類

專業性抗原呈獻細胞	非專業性抗原呈獻細胞
1.樹狀細胞	1.纖維細胞（皮膚）
2.巨噬細胞	2.神經膠質細胞（腦）
3.B細胞	3.胰臟β細胞
	4.胸腺上皮細胞
	5.甲狀腺上皮細胞
	6.血管內皮細胞

貳、MHC分子和胜肽如何形成複合物？

　　輔助性T細胞是如何同時辨識抗原和MHC分子的呢？若要刺激這個免疫反應，細胞外的蛋白質必須先經內吞作用（endocytosis）以進入抗原呈獻細胞，並被其分解成較小的胜肽，這些胜肽會和第二類MHC一起，在細胞表面以複合物的型態出現，而讓Th可以辨識。這一連串的反應，就是抗原的分解與呈獻。

　　所有被MHC自然呈獻的胜肽，都是來自於細胞的細胞質部分，而所呈獻的胜肽通常是位在外膜上的蛋白質，這個重要的發現，指出了被MHC所呈獻的胜肽，並非全然是屬於致病病原體。

　　MHC分子牽繫著抗原處理以及能和特殊胜肽結合的能力，與

MHC的結構及其一連串的合成作用有關。第一類MHC分子由兩個蛋白質次單位所組成，一為重鏈部分，一為輕鏈部分的β2微球蛋白(β2-microglobulin, β2m)，第一類和第二類MHC分子的次單位大小略有不同，但在與胜肽結合的表面都有深裂(cleft)，深裂的構造包含了許多的袋子(pocket)，這些袋子可以和胜肽的不同部位結合，而這些袋子不同的形狀及性質，即造成了MHC多樣性的原因。

以質譜儀(mass spectrometer)可以決定胜肽組成的胺基酸序列和第一類MHC結合的胜肽，大約有8-9個胺基酸的長度，這個長度恰好是放到袋子最適合的長度。和人類第一類MHC分子結合的胜肽，從胺基端(amino terminal)數過來的第二個位置，通常是白胺酸(leucine)；而在羧基端(carboxyl terminal)最後一個殘基(residue)通常是不帶電的疏水性胺基酸。

另一個和人類第一類MHC分子結合的胜肽HLA-B27，則是精胺酸(arginine)位在胺基端第二個位置上，而在羧基端最後一個殘基通常是帶正電的親水性胺基酸。

與第二類MHC分子結合的胜肽，一般說來比第一類的胜肽長，沒有合適的袋子讓胜肽的兩端可懸掛，大部分的結合部位是在深裂的中間且呈巢狀。第二類MHC的深裂中有許多的袋子，胜肽和MHC深裂共用核心的氨基酸序列，胺基端及羧基端長度的變化很大。

MHC的深裂與胜肽的結合，不如抗體對抗原決定部位專一，每個MHC分子，可選擇性的與許多不同胜肽結合。胜肽與MHC的結合雖範圍大，但也有選擇性，具相同結構特性的胜肽，可和同一個MHC結合。而MHC基因的遺傳，將決定那些胜肽呈獻給T細胞。

參、第一類抗原路徑

　　第一類MHC分子的重鏈及輕鏈在合成後，會在內質網處結合在一起，若沒有β2m鏈存在，只有MHC的重鏈也無法褶疊(folding)在適當的位置，也就是說抗原性胜肽無法經高基氏體被送到細胞表面。研究也指出，重鏈及β2m輕鏈必須先在內質網中結合上一段胜肽，才能繼續其後的輸送。

　　其實驗的證明如下，在某種突變的RMA-S細胞中發現，就算其可以正常結合MHC的重鏈及輕鏈，細胞表面上第一類MHC分子也只有標準量的5％。這些細胞所合成的第一類MHC分子及β2m鏈，不僅無法褶疊而且陷在內質網內。但是倘若加切過的適當胜肽進入細胞後，這些鏈馬上可以褶疊，而且細胞表面上第一類MHC的數量馬上趨於正常。故可做結論：這些胜肽是穩定重鏈及輕鏈之間作用的物質，甚至在許多方面可以說是第一類MHC的第三個次單位。

　　另一種和抗原處理有關的蛋白質，是MHC輸送蛋白(transport protein)，即與抗原處理相關的輸送蛋白(transport associated with antigen processing, Tap)

一、Tap輸送之胜肽如何生成？

1. 推測是和蛋白酶複體(proteasome)的酵素複體(enzyme complex)有關，是由好幾種蛋白酶或是切割蛋白質的酵素所組成，這是細胞中處理蛋白質的主要機制。

2. 在蛋白酶複體中，有時會發現MHC所製造出的二種次單位成分，

通常正常情況下，會有約10％的蛋白酶複體含有這些次單位。

3.當細胞接觸到干擾素，或是免疫反應過程中有淋巴激素釋放時，這些細胞中的次單位會增加，且會和更多的蛋白酶複體相接在一起；細胞MHC的表現及輸送蛋白也會增加。

4.哈佛大學的一群科學家發現蛋白酶複體中的次單位，主要是爲了引起胜肽的產生，而這些胜肽的末端通常帶鹼性或疏水性的胺基酸，正好是大部分第一類MHC結合的形式。

5.一般認爲蛋白質在細胞質中製造，被蛋白質複體分解，並被輸送蛋白運送到內質網。

二、突變細胞中缺乏輸送蛋白的成分，爲何還能表現第一類MHC分子呢？

研究者發現在這些細胞中，和第一類MHC連結的胜肽似乎都是從細胞蛋白質的信號序列（signal sequence）來的。信號序列一般出現在一些新合成的蛋白質的胺基端，核醣體合成蛋白質時，先合成信號序列，其作用，就是可以引導新合成的蛋白質到其目的地，而當蛋白質進入內質網後，這段序列就會被酵素切斷，此序列提供了胜肽及第一類MHC的功能資源，細胞就能進行抗原處理。

肆、第二類抗原路徑

若同時把第一及第二類MHC分子組合，並放到內質網內，結果發現它們並不會結合相同的胜肽。部分原因可能是被輸送蛋白送到內質網的胜肽，沒有能穩定結合第二類MHC分子的構造特徵。

　　另一個更具說服力的原因，就是當胜肽在內質網中被合成後，第二類MHC次單位還會和第三種分子，即被稱作不變(invariant, Ii)鏈的分子結合，它可避免胜肽和第二類MHC分子結合，也重新引導第二類MHC到達細胞膜的路徑，即經過高基氏體及進入內吞小體內。

　　內吞小體內含有表面蛋白，當內吞小體在細胞內游走時，內部會逐漸變爲酸性，並且累積蛋白酶來分解許多的蛋白質，最後內吞小體會循環到膜表面，與膜融合並且將內含物運回到細胞表面。

　　美國杜克(Duke)大學的科學研究者發現，當第二類MHC Ii鏈複合物進入內吞小體時，這個內吞泡的活動就會停止六小時以上，然後其內的蛋白水解酵素會水解Ii鏈，最後第二類MHC胜肽複合物就會被輸送到細胞表面上。

　　華盛頓(Washington)大學的科學家，在一些突變的細胞表面上的第二類MHC分子中，發現一些奇怪的易被變性的形式，這些分子是和從Ii鏈的一小部分中發源出來的胜肽結合在一起，這些胜肽被稱作第二類MHC分子相關Ii鏈胜肽(class II associated invariant chain peptides, CLIPs)，這些突變的細胞，似乎干擾了第二類MHC和其他非從Ii鏈來的胜肽結合能力。

伍、最近的研究

　　早先文獻中都提及MHC變異的重要性，最近牛津(Oxford)大學證明了由人類的第一類MHC一些特定的表現，可以偵測到不同的瘧疾病原，以提供人體的抵抗能力。另外少數的致病病原體也會攻擊抗

原呈獻系統，例如腺病毒（adenovirus）可以製造一種分子，和在內質網中形成的第一類MHC分子結合，並阻擋它們在細胞表面上的表現，細胞巨大病毒（cytomegalovirus）及單純疱疹病毒（herpes simplex virus）亦是，而另外有一些腺病毒，會直接干擾第一類MHC分子基因的表現。

雖然有以上的例子，抗原處理還是免疫系統中控制感染很好的一個方法，甚至也用於癌的控制上。許多腫瘤細胞第一類MHC分子的表現都會降低，若技術上能把MHC的表現提高，那腫瘤細胞就會受到較好的控制。有些證據也顯示出，少數種類的腫瘤細胞會降低輸送蛋白的表現，以避免腫瘤細胞被T淋巴球辨識出來。現在知道能被腫瘤專一性（tumor-specific）T淋巴球所辨識的胜肽，是<u>比利時</u>的<u>布魯塞爾</u>癌症研究中心所辨識出的人類黑色素瘤（melanoma），其和T淋巴球所結合的胜肽，來源是稱作MAGE 1的蛋白質。未來抗腫瘤（antitumor）免疫學的應用，還包括T淋巴球所能辨識的腫瘤細胞上之第一類MHC分子胜肽複合物的進一步鑑別（identification）。

最近研究者也發現，某些特定的第一類MHC分子和許多自體免疫疾病有關，例如青少年型糖尿病，及類風濕性關節炎，但中間的機制仍有待研究解決。

MHC也是在內質網上的多核醣體（polysome）處合成，第一類MHC在內質網內與抗原性胜肽結合，而第二類MHC則否。實驗證明胜肽與第一類MHCα鏈的結合，可以造成分子結構的改變，使能與β2m鏈結合而得以送到細胞膜。結果就是有關這類研究得自突變的細胞株——RMA-S。

　　最近發現胜肽輸送蛋白可將胜肽從細胞質送至內質網，而與第一類MHC分子作用，前述的RMA-S細胞株可能缺乏這類蛋白質。有趣的是，控制這類蛋白質合成的基因位於第二類MHC的基因區。

　　因為抗原呈獻細胞同時具有第一類及第二類MHC，所以必須有適當的防範措施，以防止第二類MHC與類似第一類MHC的抗原性胜肽結合。最近研究發現，當第二類MHC在內質網合成時，Ii鏈會接其胜肽鏈結合深裂，而防止來自本身內部生成的胜肽與內質網內的第二類MHC結合。Ii鏈也可以將第二類MHC分子送至溶小體，當外來抗原在溶小體被處理後，Ii鏈與第二類MHC分離，使其能與抗原性胜肽結合，並送到細胞膜上。

　　如前所述，抗原呈獻有兩條途徑，由CD8與第一類MHC分子合作者，及由CD4與第二類MHC分子合作者。流行性感冒病毒感染，可以同時引發此二條途徑。用具有感染力的流行性感冒病毒，或不具感染力的病毒，例如經紫外光處理過而無法再繁殖者，與同時具第一類、第二類MHC的細胞一起培養。結果發現與帶第二類MHC分子細胞接觸的CTL，可以因這兩類病毒而被誘發；但是只與第一類分子接觸的CTL只能對有感染力的病毒反應，對不具感染力的病毒則沒有反應。

第十章　細胞性免疫反應

在細胞性免疫反應(cell-mediated immunity, CMI)中，參與反應的專一性細胞，爲各種不同的T淋巴球，而非專一性細胞則有巨噬細胞、單核球、嗜酸性球、及自然殺手(natural killer, NK)細胞等。

細胞性免疫反應主要可分爲兩個範疇，各有不同的反應物參與：一爲參與作用的細胞本身有直接分解的能力，另一則包括輔助性T細胞(Th)的次群體，就是參與遲發性過敏反應的亞群。在本章中要詳細討論這些參與的細胞及其作用的機制。

壹、直接細胞性細胞毒殺

免疫系統殺死外來微生物的方式之一，就是將目標細胞加以分解，稱爲細胞性細胞毒殺活化機制(cell-mediated cytotoxic effector mechanism)。又可以分爲兩種，即由抗原專一性的毒殺性T淋巴球所主導的細胞毒殺作用，及由非專一性細胞參與的細胞毒殺作用，如由自然殺手細胞及巨噬細胞所引起者。

一、T淋巴球主導的毒殺作用

毒殺性T細胞(Tc)經過免疫活化作用後，可以產生一群具有分解能力的活化細胞，稱爲細胞毒殺活性T淋巴球(CTL)。其最主要的功

能，就是辨認及消滅已被改造的細胞，包括被病毒感染的及惡性腫瘤細胞等。一般說來，CTL為CD8及第一類MHC所限定，而輔助性T細胞則為CD4和第二類MHC所限定（見第八章）。

細胞毒殺性T淋巴球引發的免疫反應可分為兩個時期：敏感期（sensitization phase）及作用期（effector phase）。在敏感期中包括了輔助性T細胞的活化與增生；而作用期則為CTL辨認目標細胞並引發一系列的作用。

1.敏感期

指輔助性T細胞對巨噬細胞、或其他抗原呈獻細胞所呈獻出來的抗原產生反應，此時毒殺性T細胞會因為辨認到特定目標細胞上的抗原（第一類MHC的複合體）而增殖，但主要增殖的是輔助性T細胞。當輔助性T細胞由抗原呈獻細胞辨認到外來抗原時，會被激活而分泌第二介白素(IL-2)，由於第一類MHC及IL-2的作用使得毒殺性T細胞被活化而增殖，並且分裂形成CTL，具分解細胞的作用。

2.作用期

指細胞毒殺T細胞的反應期，CTL辨認具有抗原（第一類MHC複合體）的特殊目標細胞，而後產生一連串摧滅目標細胞的作用，此時到達反應的最高潮。活化期的作用是活化了CTL，且進行目標細胞的分解作用，包括有四個步驟：(1)接合構造的形成，(2)膜的攻擊，(3)CTL的離開，及(4)目標細胞的解體。

為了明白目標細胞被CTL殺死的機制，可以利用放射性鉻(Cr)離子將目標細胞標定，放射性鉻會接在細胞質中的蛋白質上，當目標細胞被分解後，鉻會由細胞內散出，而被測得。此時測定放射性鉻的

量，即可推得目標細胞被CTL分解的數目。

　　在CTL將目標細胞解體的一連串反應中，首先是CTL找到了目標細胞，而後與它接合形成接合構造(conjugate formation)。之後需要鈣離子(Ca^{++})的幫忙並需要能量，使CTL能將目標細胞的膜加以破壞。接下來CTL可離開原來被殺死的目標細胞，去找其他新的目標細胞再重新進行同樣的毒殺作用。

　　CTL與目標細胞接合構造的形成，需要有位在CTL上之抗原受器能先辨認抗原，而後才能形成重排形式，也就是位在CTL膜上的第一淋巴球功能抗原(lymphocyte function associated antigen-1, LFA-1)接受器，與位在目標細胞膜上的細胞黏附分子(intercellular adhesion molecule, ICAM)接合。此時LFA-1由低結合力轉換至高結合力狀態，待高結合力的LFA-1持續5～10分鐘後，此受器會回復到低結合力狀態，這種降階作用會促使CTL由目標細胞離開。

　　CTL細胞內有許多顆粒存在，在接合構造產生之後，CTL細胞質內的高基氏體和顆粒都會被再重新排列，並集中在接合構造的區域。此時Ca^{++}離子的流入會誘使顆粒內容物的直接釋出，這些物質對目標細胞的解體十分重要。

　　在CTL的儲藏顆粒中，含有少許能形成細胞膜穿孔的蛋白質，稱為穿孔素(perforins)，為一種由A到F六個酯類所構成的顆粒酵素(granzymes A-F)以及各種毒殺性的細胞素，如腫瘤壞死因子。CTL的前驅細胞(precursor, CTL-P)缺少細胞質顆粒和穿孔素。當CTL與目標細胞接合後，顆粒會被細胞釋出，約70 kDa的穿孔素單分子也會由顆粒中釋放出來並移至接合位置。當穿孔素與膜接上後，會有形態

上的改變，並插入目標細胞的膜。單分子聚合成複合體，並在膜上形成5-20 nm的柱形孔。

　　當孔形成之後，可促進一些由顆粒放出的各種水解物質，使目標細胞被解體。但為什麼CTL不會被自己所分泌的穿孔素分解？有幾個假說可說明此現象。

　　(1)CTL有一些膜蛋白，稱為保護素(protectin)，可以使穿孔素「去活化」，一方面是因為它可防止穿孔素接在膜上，另一方面是可防止穿孔素聚合成複合體，但至今無法證實此種保護素的存在。

　　(2)穿孔素並不以水解形式放出，而是存在於小型膜狀的泡中，這些小泡又被存在CTL的顆粒內。小泡的表面有TCR、CD3、和CD8分子。根據此假說，CTL由顆粒中放出小泡，可藉由TCR、CD8和目標細胞上的抗原-MHC複體的交互作用，對目標細胞產生專一性。當小泡和特殊目標細胞接上時，穿孔素會被放出並形成孔。此機制不但可防止CTL的自解，還可以防止不合適的目標細胞被分解。

　　一般而言，IL-2可使CTL變成似NK的細胞，具有穿孔素且可殺死目標細胞。但有些種類的CTL並無穿孔素，卻具有強大的毒殺能力，另有些是完全缺乏Ca^{++}離子，也無法行使穿孔作用。因此必有其它機制可利用。其他有些進行緩慢毒殺的作用，在目標細胞中，會將其核膜破壞，並且使DNA破碎，此稱作生理性的細胞程式死亡(apoptosis)，這些都屬於目標細胞自我解體的作用。有些還會分泌TNF-β，這些酵素的活化，會使得目標細胞核內的DNA分解。

二、自然殺手細胞主導的毒殺作用

　　自然殺手細胞是一群非專一性的毒殺細胞，佔循環中淋巴球總數

的5％，NK細胞的種類尚不十分清楚，但它可表現出T淋巴球、單核球、顆粒球等細胞膜上的標記(marker)，也就是不同NK細胞能表現出不同膜分子的組合。

　　NK細胞的作用方式與CTL有所不同，第一、NK細胞並無T細胞受器。第二、抗原與NK細胞接合並不需藉MHC，因此可與不同類的腫瘤細胞作用。第三、當第二次打入相同抗原時，並不會使NK細胞的活化作用增加，因此並無免疫記憶可言。NK細胞也可以和被細菌感染的目標細胞作用。

　　NK細胞的毒殺作用與CTL的步驟很相似，當NK細胞與目標細胞連接上時，在細胞質內含有穿孔素的顆粒，同時也會產生「去顆粒作用」，而放出的穿孔素會將目標細胞分解。NK細胞也有作為IL-2受器的75 kDa分子。NK細胞的活化一般要靠IL-2和干擾素，以刺激增殖。

三、抗體依賴性細胞毒殺作用

　　巨噬細胞、嗜酸性球、嗜中性球、及NK細胞，都具有膜上的受器可以接抗體的Fc區。這些細胞可藉由抗體而找到目標細胞，並利用抗體與抗原相接的專一性，而與目標細胞接合，最後造成目標細胞被分解。這些毒殺細胞本身雖無專一性，但是抗體的專一性可使它們對專一的目標細胞作用。上述的作用稱為抗體依賴性細胞毒殺作用(antibody-dependent cell-mediated cytotoxicity, ADCC)。

　　目標細胞被ADCC作用解體，並無補體系統的參與分解，而是由不同的細胞毒殺機制所參與。當巨噬細胞、嗜酸性球、嗜中性球專利用Fc接受器與目標細胞作用時，會使它們更具代謝能力，結果使得

細胞質內的溶小體和顆粒內的水解物質增加。這些水解物質釋放至抗體所接上的目標細胞，會造成該細胞的解體。單核球、巨噬細胞、NK細胞會分泌腫瘤壞死因子，將目標細胞殺死。NK細胞和嗜酸性球均含有穿孔素，位在細胞質內的顆粒裏。

貳、遲發性過敏反應

　　當活化的Th細胞的次級群遇到了特定的抗原，會使它們分泌一些細胞素，並誘使產生局部性的過敏反應，稱為遲發性過敏反應（delayed-type hypersensitivity，DTH）。此反應在1890年由郭霍發現，因為當時有個病人感染了結核桿菌（*Mycobacterium tuberculosis*）之後，他以皮下注射方式打入培養過此菌種的過濾液，而在病人皮膚上產生了區域性的過敏反應，稱之為結核菌素（tuberculin）反應。除了結核桿菌有此反應外，其他菌種也有（如表10-1）。DTH會造成組織的壞死，在對抗細胞間的病菌時，DTH也扮演了一重要角色。

　　在遲發性過敏反應中第一次與抗原作用的初期反應稱為敏感期，需要1-2個星期。第一期是Th與具有第二類MHC分子的抗原呈獻細胞作用，如：蘭氏細胞及巨噬細胞等。蘭氏細胞是位於表皮的樹狀細胞，可將穿過皮膚的抗原抓住，並將抗原送至相關的淋巴結，將T細胞活化。這些活化的T細胞大多為CD4，少數為CD8，因為會誘導出DTH的反應，故此類T細胞特稱為T_{DTH}細胞。

　　第二次與抗原接觸，會誘發DTH反應中的活化期，活化的T細胞

表10-1　可引起DTH之細胞內病原體及接觸性抗原

細胞內細菌	結核桿菌 麻瘋桿菌 李斯特桿菌 布魯氏桿菌	病毒	單純疱疹病毒 天花病毒 麻疹病毒
細胞內真菌	肺孢子菌 白色念珠菌 新隱球菌	接觸性抗原	咬人貓 染色劑 鎳鹽
細胞內寄生蟲	利什曼原蟲		

會放出各種細胞素，可再激活巨噬細胞及其他非專一性的過敏細胞。第二次反應平均需要24小時，但反應的最高峰是在48-72小時發生。此種延遲反應所需時間，全是因為用細胞素誘使巨噬細胞在該區域性的流入，並活化巨噬細胞所需的時間。一旦DTH反應開始，非專一性細胞間的複雜交互作用便啟動，並使反應不斷的擴大。在DTH反應的最高峰，只有5%參與的細胞是對抗原專一性的細胞，剩下的全是巨噬細胞和其他非專一性的細胞。巨噬細胞是DTH反應中最主要的作用細胞。由T_{DHT}釋放出來的細胞素會誘使血液中的單核球黏附在

血管內壁上，並以變形蟲運動跑至組織裏。在此過程中單核球會分裂形成活化的巨噬細胞，此種活化的巨噬細胞會促使吞噬作用增加，以及增加對微生物毒殺的能力。另外，還可以增加第二類MHC分子和細胞共價分子的表現。

　　DTH反應時，巨噬細胞的流入及活化，可以提供宿主一個很有效的防禦機制，但如果DTH反應過度延長，則會對宿主產生毒害。

　　許多細胞素都能扮演產生DTH反應的角色。在DTH反應中，T_{DHT}細胞就像Th1亞群一樣，會分泌第二介白素(IL-2)及其他物質。第二介白素的作用在擴大分泌細胞素的T細胞大量產生；第三介白素(IL-3)及GM-CSF作用在誘使顆粒性單核球的區域造血作用，可使單核球及嗜中性球增殖（圖3-2）；IFN-γ，TNF-β可作用在內皮細胞，包括一連串的反應，可以促使單核球和非專一的過敏細胞由血管滲出，此改變包括增加ICAM等細胞共價分子的表現，以及血管內壁細胞的改變，以促進第八介白素(IL-8)和單核球趨化因子(monocyte chemotactic factor, MCF)的釋出和分泌。

　　當單核球進入組織後會變成巨噬細胞，其後再被牽引到DTH的反應部位則是靠趨化因子，如IFN-γ細胞素來促進。另一種細胞素稱為巨噬細胞移行抑制素(migration-inhibition factor, MIF)，會抑制巨噬細胞的變形，並限制巨噬細胞由DTH反應部位移出。

　　當巨噬細胞聚集在DTH反應部位時，會受到細胞素的活化，此時的IFN-γ扮演著一主要的角色。IFN-γ可使巨噬細胞分裂成活化的細胞。此時，活化的巨噬細胞比起原來的細胞，在大小、水解酵素的含量、吞噬能力及殺死細胞內病體的能力上，都大大的增加。而且

IFN-γ活化後的巨噬細胞，會表現出更多的第二類MHC分子和第一介白素，也可以活化更多T$_{DHT}$細胞，依次分泌更多的細胞素，以補充及活化更多的巨噬細胞，擴大DTH的反應。

　　DTH在防禦各種細胞內寄生的病毒、細菌、真菌及寄生蟲中扮演極重要角色，活化的巨噬細胞和水解酵素局部區域的釋放，會造成躲藏在細胞內的病原體細胞快速被破壞。如此無選擇性方式，也會造成健康組織損害，也許這就是代價，無可避免。感染愛滋病的病人會嚴重缺乏CD4的T細胞，使DTH反應無法產生。因此此種病人一旦感染一般正常人可抵抗的病原體時，會造成病人生命的威脅(第十三章)。

　　另一個例子是當感染到細胞內寄生的原生動物時，DTH也同樣扮演著重要角色，如感染熱帶利什曼原蟲(*Leishmania tropica*)時。

　　DTH反應的存在，可以靠皮下注射抗原進入體內而測定。一個陽性的皮膚測定反應，表示這個個體對所欲測定的抗原產生特別敏感之T$_{DHT}$細胞群。例如要測個體是否感染過結核桿菌，可利用皮下打入純化蛋白衍生物(purified protein derivative, PPD；在微生物細胞壁上的蛋白質)的方法，如果會使個體產生局部紅腫及破壞，且在48-72小時內發生，就表示此個體曾經感染過此種微生物。

參、感染時的細胞性免疫反應網路

　　在病原微生物入侵的初期，外來抗原與巨噬細胞作用，可使其釋出第一介白素(IL-1)、腫瘤壞死因子及第六介白素(IL-6)，會刺激肝細胞產生急性期蛋白質(acute phase protein, ACP)，後者

可活化細胞膜，釋出前列腺素（prostaglandin）及白三烯素（leu-kotrien）。另一方面，第一介白素及腫瘤壞死因子亦可刺激單核球產生趨化細胞素，如第八介白素（IL-8），活化白血球。而株落刺激因子與第八介白素更可進一步促進白三烯素的產生，擴大發炎反應的進行。如果急性發炎反應仍無法殺死入侵的病原微生物，造成外來抗原的持續刺激（尤其是細胞內的寄生蟲），抗原就會被呈獻給T細胞，使特定的T細胞族群增生，產生不同的細胞素。巨噬細胞所釋出的第十二介白素（IL-12），在第一介白素與腫瘤壞死因子合作下，可使自然殺手細胞產生丙型干擾素（IFN-γ），主導第一型輔助T細胞（Th1）的活化，使其產生第二介白素（IL-2）及丙型干擾素，促使細胞產生免疫球蛋白。反之，第六介白素及來自肥大細胞的第四介白素（IL-4）則主控第二型輔助T細胞（Th2）的活化並產生第四、五、六及第十介白素（IL-4, 5, 6, 10），促進B細胞產生IgG及IgE等免疫球蛋白。因此，藉由細胞素網路（cytokine network）可調控細胞免疫反應的進行。Th1的活化，有助於保護性細胞免疫力的產生。Th2的活化，則不利於保護性細胞免疫力的產生。最近免疫學的研究顯示，抗原刺激免疫力，包括抗體的產生與細胞性免疫力，分別需要Th1或Th2兩種輔助性T細胞的幫忙，而Th1與Th2細胞之間有彼此互相調控的作用，兩者之間可形成一種平衡。如果活化結果偏向Th2細胞，將只有抗體的產生，反過來，如果活化導致偏向Th1細胞，那麼細胞性免疫將會佔優勢。對一般細菌性的感染，抗體即能提供保護的能力，但對於病毒的感染，則需要細胞性免疫，尤其是毒殺細胞的參與。因此Th1及Th2間的轉換，對不同病原體的感染可能有不同的後果。

第十一章　神奇的單株抗體

　　藉株落選擇，可使對某一特別選定的抗原具有專一性的B細胞，能夠繼續分裂，並增生出記憶性的B細胞及功能性漿細胞，所有由此等B細胞繁殖起來的株落細胞，均對原來所選定的抗原具有專一性。把可以不斷分裂、繁殖的骨髓瘤（稱為myeloma）細胞，與受過某種特殊抗原刺激，而能製造對抗此抗原的抗體之脾臟細胞進行融合（fusion），如此便可得到融合瘤細胞，此種細胞可以在細胞培養基中，不斷地分裂生長，並產生大量的特殊純種抗體，稱為單株抗體，並由於此種單株抗體製備技術的發明，才使免疫球蛋白構造（第六章）研究的進行成為可能。

　　因為一個抗原上帶有多個抗原決定部位(multiple epitopes)，故其所引起的血清抗體都是異源的(heterogeneous)，在生物體內，這些異源的多株(polyclonal)抗體對於抗原的定位(localization)、吞噬及補體溶解(complememt-mediated lysis)十分有用。但是，在生物體外使用時，通常會降低其效力。再者，傳統的異源抗體在生物個體間有極大的不同，其中含有許多未知且不必要的抗體，常常出現非專一性的交叉反應。1975年，寇勒(Georges Kohler)及梅爾斯坦(Cesar Milstein)利用漿細胞與骨髓瘤細胞融合，形成融合瘤細胞，兼具二者特性，既可分泌單株抗體，又可無限繁殖。因這項劃時代的偉大發明，使他們二人共同榮獲1984年諾貝爾獎。

壹、雜合細胞的形成及選擇

在1970年代早期，利用仙台病毒(Sendai virus)或聚乙烯苷醇(polyethylene glycol, PEG)可將二個體細胞(somatic cell)融合，形成一個雜合細胞(heterokaryon)。利用雜合細胞，可以研究細胞膜上蛋白質的流動性。以人類的纖維母細胞及老鼠的纖維母細胞進行融合，可以形成〝老鼠-人類〞雜合細胞。以對人類或老鼠細胞具有專一性的fluorescein、或rhodamine二種螢光抗體，分別與此雜合細胞結合，一開始可以看到此兩種抗體相對分佈在雜合細胞膜的兩半，但過了不久，就可見此兩種抗體均勻的分佈在整個細胞膜上。此一實驗對細胞膜流體鑲嵌模型(fluid-mosaic model)的了解有極大的幫助。雜合細胞最初形成時是多核的，大多含有2至5個細胞核。但後來細胞分裂時，核膜消失而形成一個大核，兼具人、鼠二者的染色體。此時的雜合細胞非常不穩定，繼續分裂時會失去一部分的染色體，直到穩定為止，有時甚至會失去全部〝人類的〞染色體，至於失去那些染色體，可能與此二種生物之間的親緣關係有關。利用特殊培養環境，可以選定某些特殊的雜合細胞，再選擇細胞中只含一個或數個人類染色體的細胞，利用此種雜合細胞，可以做人類的基因定位。

用以選擇雜合細胞的特別培養方法很多，目前最常用的是加入胺基翼酸(aminopterin)的方法。哺乳類合成核苷酸(nucleotide)有二條路徑（見圖11-1），即由基質新生(*de novo*)路徑與救援(salvage)路徑二種，通常選擇用作融合瘤製備時的骨髓瘤細胞，缺少亞黃嘌呤

（hypoxanthine）、鳥糞核苷(guanine)、~~磷酸核苷轉移酶~~(phosphoribosyl transferase)，因此只能以新生路徑合成繁殖所需的核苷酸。

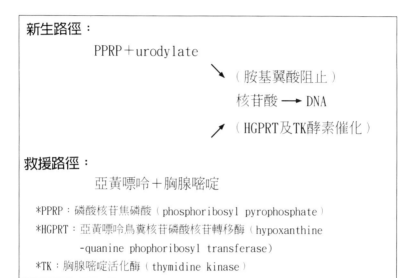

圖11-1　哺乳類合成核苷酸的二條路徑

　　融合之後，必須利用HAT培養液，抑制骨髓瘤細胞的繁殖，而讓融合細胞繁殖。HAT為亞黃嘌呤(H)、胺基翼酸(A)，及胸腺嘧啶(thymidine, T)的混合液。HAT培養液中的胺基翼酸，可阻止骨髓瘤細胞利用新生路徑合成其DNA。而亞黃嘌呤及胸腺嘧啶則增加融合瘤細胞藉由救援路徑而得以生長。

　　當二個細胞各含有一個突變基因，使其各缺一種救援路徑的酵素，融合之後，只有其雜合細胞才能在HAT培養液中生存，其餘的細胞就都死亡而被除去。

貳、單株抗體的生成

單株抗體之生成有三個基本步驟：(1)融合瘤細胞的產生，(2)專一性單株抗體的篩選，及(3)融合瘤細胞的繁殖。

一、B細胞融合瘤細胞的產生

所選用的骨髓瘤細胞，必須無法在HAT培養液中生存（稱為HGPRT⁻細胞）。只有骨髓瘤與脾臟細胞融合後的雜合細胞，才能在HAT培養液中生存。融合後7-10天以內，大部分的母代細胞均已死亡，只有少數融合細胞能存活。理想的骨髓瘤細胞，不但是HGPRT⁻細胞，也不會自行產生抗體，即無法合成自己的抗體。

二、專一性單株抗體的篩選

融合細胞最初的篩選方法，是由其所產生抗體直接作用在目標物上而來。抗綿羊紅血球(sheep red blood cells, SRBC)單株抗體的融合瘤細胞，在HAT培養基中出現時，若加入SRBC及補體，則可見到紅血球的溶解，而在培養基上呈現一個透明的區域。

目前單株抗體最常用的篩選方法有二種：酵素聯結免疫吸附法(enzyme-linked immunoabsorbent assay, ELISA)及放射免疫分析法(radioimmunoassay, RIA)，二者都必須先將抗原接在微量滴定盤(microtiter well)上。若單株抗體是針對某一種細胞膜上的抗原分子作用，則可使用免疫螢光法(immunofluorescent assay, IFA)篩選。

三、融合瘤細胞的株化與繁殖

當所需的融合瘤細胞被辨別出之後，再以系列稀釋法(serial

dilution)將之純株化，以確定其為單株。融合瘤細胞可在培養瓶中繼代並大量培養，單株抗體即被分泌在培養液中，但其濃度甚低（10～100μg/ml）。融合瘤細胞也可以在組織相容的老鼠腹腔中培養，抗體則被分泌至腹水中，此時濃度可達1～25 mg/ml，抽出腹水後再以色層分析柱(chromatography)純化，即得高濃度的純化單株抗體。

近年來，得蒙生物科技(Damon Biotech)公司發展出連續生長培養技術，將融合瘤細胞裝入由藻膠製成的膠囊中，營養液流入膠囊，而代謝廢物及抗體流出，使融合瘤細胞可以高密度的生長。應用此種技術可比傳統的組織培養法得到高出100倍的抗體量。

英國的細胞科技(Celltech)公司新發展出使融合瘤細胞在1,000公升的大型醱酵槽(fermenter)中生長的方法，可在二週內就生產出100公克所指定的特殊單株抗體。

參、人類單株抗體的製備近況

毫無疑問的，人類的單株抗體能更適用於診斷及治療人類的疾病。在臨床上所使用的單株抗體通常是老鼠的，會產生抗同類型原反應(anti-isotype response)，若能使用人類的單株抗體，則可以避免此種反應。但是製造人類的單株抗體有許多的困難，例如：(1)人類的B細胞很難取得，特別是要從正常人的脾臟取得；(2)要找一個能與人類B細胞融合的骨髓瘤細胞，更是難上加難，特別是此細胞必須具備三個條件：不朽的生長、適用於HAT培養液的篩選及不會產生對抗自己的抗體。

目前在人類B細胞與人類骨髓瘤細胞融合的研究嘗試中，結果多半產生生命期極為短暫的融合瘤，極少數可以長期生長，但又會分泌自己的抗體。在利用人類B細胞與老鼠骨髓瘤細胞融合的研究中，結果產生不穩定的細胞，並快速的失去人類的染色體。即使在現今這種困難重重的情況下，科學家仍然成功的利用鼻咽癌病毒(Epstein-Barr virus, EBV)去轉型正常的B細胞，而獲得人類的單株抗體。

肆、單株抗體的應用

單株抗體的應用範圍極廣，最常見的有：

一、蛋白質的純化

在發明單株抗體技術之前，蛋白質的純化通常需要經過許多次的色層柱分析，而且產量很少。由於單株抗體的專一性，經篩選後可將少量蛋白質從複雜的混合液中純化出來，例如塞契爾(D.S. Secher)及伯克(D.C. Burke)就利用單株抗體，從白血球中提煉出純化的干擾素(IFN)，其步驟如下：

(1)利用融合瘤細胞製造抗干擾素(anti-IFN)的單株抗體。

(2)將此單株抗體與色層分析柱的介質結合。

(3)將有待純化的干擾素倒入色層分析柱中，干擾素被抗體專一性的接合在分析柱上，其他雜質流出。

(4)用鹽液將純化的干擾素由色層分析柱中析出。

二、不同淋巴球亞群的辨識

利用抗CD4與抗CD8單株抗體，可以鑑別不同類的T細胞，如輔

助性T細胞或毒殺性T細胞。單株抗體亦可用以鑑定在淋巴球的細胞膜上獨特的蛋白質，如輔助性T細胞膜上的受器。

三、癌細胞的偵測及呈像

　　利用融合瘤細胞，科學家製造出許多種單株抗體，其中約有八十餘種對各種不同的肺癌細胞具有不同的專一性，但對正常的肺細胞則不發生反應。有些癌細胞會釋出特殊的抗原進入血液中，可應用單株抗體來偵測。早期及轉移期的乳癌可以用碘(I^{131})來標定單株抗體，再以單株抗體找到在局部淋巴結中的癌細胞並在底片上呈像。但乳癌及其他大部分的癌症，並不具有共同的膜蛋白，因此在五種可以用來檢測乳癌的單株抗體中，某些病人只對其中的一種產生反應。

四、癌細胞的毒殺

　　單株抗體可藉補體的作用而將癌細胞分解，如B細胞的淋巴瘤及T細胞的白血病。李維(Ronald Levy)是第一個以單株抗體成功治癒B細胞淋巴瘤病人的科學家，特別那還是一位65歲的癌症末期病人。由於是B細胞的癌症，所以所有癌細胞上的抗體，都具有相同的個體型原，毒殺這些癌細胞的方法如下：

　　⑴先將病人的B淋巴瘤細胞（上有B淋巴瘤細胞抗體）與人類骨髓瘤細胞融合，形成融合瘤細胞，能分泌B淋巴瘤細胞抗體，稱為Ab-1。

　　⑵將此人類B淋巴瘤細胞之單株抗體Ab-1注入老鼠體內。

　　⑶取此老鼠之脾臟細胞，並與老鼠骨髓瘤細胞融合，形成融合瘤細胞，其中包括抗個體型原(anti-idiotype)的融合瘤細胞，及抗同類型原(anti-isotype)融合瘤細胞。

(4)抗個體型原之抗體只對單株抗體Ab-1結合，對正常細胞不會結合。

(5)取抗個體型原的單株抗體注入病人體內，如抗體可與B淋巴瘤細胞結合，並藉由補體反應將癌細胞殺死。

單株抗體也可以和某些致命的毒素結合，形成免疫毒素(immuno-toxin)，免疫毒素可用以殺死癌細胞。毒素如蓖麻毒素(ricin)、志賀菌(Shigella)毒素、及白喉(diptheria)毒素等都可以用來抑制蛋白質的合成，只要一個分子的毒素即可殺死一個癌細胞。毒素的基本構造中含有兩條多胜鏈，其中一條為抑制鏈(inhibitor chain)，即為致毒部分，另一條則為結合成分(ligand binding component)，沒有結合成分則毒素無法進入細胞。若以單株抗體取代其結合子(ligand)，則此毒素僅能對特定的癌細胞有專一性。再經由胞吞作用(endocytosis)進入癌細胞後，雙硫鍵被切斷，而將毒素釋出，可抑制蛋白質合成過程中的第二延長因子(elongation factor 2, EF-2)，而將癌細胞殺死。

五、作為診斷試劑

目前已經有100種以上的單株抗體，被用在驗孕及檢測疾病上，這些診斷用的產品，具有高度的專一性，而價格並不昂貴。

伍、單株抗體的科技工程

目前在醫學上常用以殺死癌細胞的免疫毒素，都是由老鼠的單株抗體結合而成的，使用此種免疫毒素有其危險性，會引起人體產生相

對應的抗同類型原抗體及抗個體型原抗體，而形成一個老鼠及人類抗體的複體。這種複體形成後，會在某些器官，例如腎臟，引起極為嚴重、甚至有生命危險的過敏反應。開發並應用純人類的單株抗體，可以避免這些併發症，但仍有許多技術上的困難。最近科學家已經開發了使用重組DNA的技術，用來製造純人類的單株抗體。

一、嵌合單株抗體

將人類與老鼠製造抗體的基因重新組合。取老鼠的輕鏈及重鏈基因中的可變區部分（V_L與V_H），而其上帶有啟動子(promotor)，及人類的不變區部分（C_L與C_H），分別組合成輕鏈基因與重鏈基因，再置入質體(plasmid)中，而形成嵌合載體(chimeric vector)。將此載體植入分泌抗體的骨髓瘤細胞，形成轉殖(transfected)的抗體分泌骨髓瘤細胞，可以分泌嵌合型的抗體，此種抗體稱為老鼠-人類嵌合體，其對抗原的專一性來自老鼠的基因，而抗體的不變區部分則來自人類的基因。因為這種嵌合體只帶有極為有限的老鼠抗原決定部位，對人體而言，其誘發免疫的危險性較低。

抗體可以更進一步的改進，用只帶有老鼠的互補決定區(CDR)與人的骨架區(FR)結合，在所形成的抗體可變區中，高變化區的基因來自老鼠，而骨架區的基因來自人類，故仍具有抗原結合的專一性，而對人體免疫性更低。改變不變區部分，以毒素取代不變區上的終端Fc結構區，抗體即具有免疫毒素的功能，因沒有終端的Fc結構區，所以不會與具Fc受器的細胞結合。

二、異源結合單株抗體

異源結合體(heteroconjugate)是由兩個不同的抗體組合而成，

一邊是抗癌細胞的抗體，能與癌細胞結合，另一邊則可與免疫作用細胞結合，如自然殺手細胞、被激活的巨噬細胞、或細胞毒殺性T淋巴球，作為二者之間的橋樑，把兩種細胞拉在一起。也有的異源結合體可用以激活免疫作用細胞，例如T細胞上的受器常常是複體，而其中細胞毒殺性T淋巴球(CTL)的抗原受器中含有CD3。異源結合體上若一邊帶著抗CD3，而另一邊是一個抗癌細胞的單株抗體，即可將此CTL與癌細胞連接，並可激活此淋巴球殺死被此結合體接上的癌細胞。

三、單株抗體型免疫球蛋白基因庫

最近有些新的技術發展出來，可以不用融合瘤細胞，也不用免疫的方法，便能製造出單株抗體。特別是Fab片段基因庫的建立，從不同的漿細胞中抽出重鏈及輕鏈基因，藉聚合酶連鎖反應(polymerase chain reaction, PCR)將基因數量擴大，並把這些基因植入λ噬菌體的載體中，每個重鏈及輕鏈基因都帶有一個EcoRI限制酶切割點(restriction site)。利用EcoRI將不同的基因分割，並重新接合，得到各種不同組合的重鏈及輕鏈重組基因庫(combinational library)。這些種類繁多的組合中，可以產生各種不同的抗體分子，經特殊的篩選，可找出所需要的組合。

四、催化性單株抗體

抗體與抗原的結合，極類似酵素與受質(substrate)的結合。能樂(R. A. Lerner)懷疑某些抗體可能與酵素一樣具有催化的能力。他利用半抗原及攜帶體複體，其中半抗原的構造類似酯類水解時的過渡狀態，用此複體去與產生抗半抗原的單株抗體。當此抗體與酯類放

在一起時，可加速酯類的水解速度至1,000倍左右。這種具催化功能的抗體，可稱為催化性單株抗體（abzyme）。能使用基因庫去開發出許多具有催化能力的單株抗體，其功能包括用以(1)切開胜肽鍵，(2)分解血凝塊，(3)分解病毒的醣蛋白等。

陸、T細胞融合瘤細胞

將正常的T細胞與某些癌性的T細胞融合，可以得到T細胞融合瘤細胞，這些癌性T細胞稱為胸腺瘤（thymoma）細胞。

T細胞融合瘤細胞並不會分泌抗體，但具有其他的免疫功能，例如：分泌淋巴素，或產生T細胞受器（TCR）等。各種T細胞的融合瘤細胞，（如對抗原具有專一性的輔助性、抑制性及細胞毒性等T細胞）都可被選用，以鑑別各種不同的T細胞專一性分子。例如對雞卵白蛋白（ovalbumin, OVA）專一性的第二類MHC限制性T細胞融合瘤細胞，是由對OVA專一的輔助性T細胞與胸腺瘤細胞融合而成的，可用以分析輔助性T細胞的功能，它會因在特殊抗原呈獻細胞上有OVA的存在，而分泌第二介白素。T細胞融合瘤細胞生長快速，可以應用於許多T細胞產物（如T細胞淋巴素）的生產純化上。

第十二章　補體系統

　　補體系統為體液免疫系統(humoral immune system)的主要作用成分之一，由至少二十種的血清蛋白質（多為醣蛋白）所組成。補體在作用時須先被激活。在被激活時，補體系統中的不同成分會產生某些反應產物，來促進抗原的清除，並引起發炎反應。補體系統有二條激發的路徑：即傳統(classical)路徑和替代(alternative)路徑，兩條路徑殊途同歸──均會產生膜破壞複體(membrane-attack complex, MAC)來分解預定攻擊的目標細胞。

　　補體反應可以擴大原有的抗原-抗體反應，使之更具有防衛的功能。它伴隨著許多生理及病理的反應，如：局部血管的擴張、吸引吞噬細胞及導致發炎等，也能激發B細胞，並且能產生MAC，使目標細胞分解。本章討論二種補體路徑的異同、補體系統的成分、功能、調節，以及某些成分在遺傳缺乏時的影響。

壹、補體的成分

　　大部分的補體成分是由肝臟所合成，但也有一部分是由單核球、組織巨噬細胞、腸胃道及生殖管的上皮細胞所分泌的，這些成分組成了血清中球蛋白的15％。

　　平時補體大多以非活化之酵素原(proenzyme)的形式，在血管中

隨循環流動，其活化位置是被覆蓋起來的，被激活時，才露出活化位置。補體系統被激活時，會引發一系列的酵素反應，每個酵素原在反應後的產物，是下一個酵素的催化劑（catalyst），每一個激活後的成分，其半生期都很短。各個補體成分分別定爲C1至C9（表12-1），當一個成分被激活時所分裂成的二個片斷中，接上複體的部分稱爲b（如C4b2b），切下的部分稱爲a（如C3a），切下的部分常可引起發炎反應。

表12-1　人體的補體成分及化學性質

成分	血清濃度 (μg/ml)	沉澱速率 (S)	分子量 (kDa)	電泳移動範圍	碳水化物 (%)
C1q	20-30	11	400	γ_2	17
C1r	—	7	150	β	—
C1s	22	4	—	α_2	—
C2	10	5.5	115	β_2	—
C3	1,200	9.5	240	β_1	2.7
C4	430	10	230	β	14
C5	75	8.7	—	β_1	19
C6	—	5.6	—	β_1	—
C7	—	5.6	—	β_2	—
C8	—	8	—	γ_1	—
C9	1-2	4.5	79	α	—

貳、補體激發的開始步驟

一、傳統路徑

　　傳統路徑可被可溶性抗原-抗體複體或抗體與特定抗原（細菌、IgM、IgG1、IgG2、IgG3）結合所激活。C1，C2，C3等編碼為發現的先後順序，而不是功能的順序。當抗原-抗體結合時，則引起抗體之Fc部位構形的改變，露出C1的結合位置，C1包括有C1q、C1r、C1s等三種蛋白質，鈣離子可提供結合後的$C1qr_2s_2$分子穩定的功能。C1q由18條多胜鏈構成，形成六條似膠原蛋白質的三股螺旋支（collagen-like triple helical arms）。C1q的頭部（head），即為連接抗體CH2區的位置。C1rs可以兩種構型存在：與C1q結合時呈8字形；游離不與C1q結合時，則呈S字形。每個C1r和C1s包含一個催化區和一個結合區，藉結合區可與C1q結合或彼此相互結合。

　　每個C1需經由C1q的頭部與抗體相接，當五單元體的IgM接到抗原上時，至少有3個C1q連接位置裸露出來。流動的IgM呈平面構造，故沒有C1q連接位置露出，因此流動的IgM不能獨自激發補體系統。IgG只有一個C1q連接位置，所以必須兩個IgG距離小於30-40 nm才能接上C1q。由於IgM和IgG的不同構造，因此，只要有一個IgM分子就能夠引起被C1q接上的紅血球細胞溶解，但卻需要1,000個隨機排列在紅血球上的IgG分子，才有足夠近的距離，使二個IgG分子，能與補體合作溶解此紅血球。

　　C4由三條多胜鏈（α、β及γ）組成。C3由二條多胜鏈（α及β）組

成。一個C3轉換酶(C3 convertase)可產生200個以上的C3b，而擴大補體反應。C3b是調理作用中的重要角色，此因吞噬細胞有C3b的受器時，可使帶抗原者較易被吞噬。

二、替代路徑

替代路徑可被外來物如革蘭氏陽性菌及陰性菌（二者細胞壁的構造不同）、病毒或本身的細胞所激發。大部分哺乳動物的細胞膜上均含有高量的涎酸(sialic acid)，使C3b不活化。但因為細菌細胞、酵母菌細胞壁及某些病毒的外套膜中涎酸含量很少，較易活化。C3b在膜上活化C3b和B因子(factor B)，此種結合需要有鎂離子的存在。

C3轉換酶只有5分鐘的半生期，除非有properdin接上去，才可延長到30分鐘。C3轉換酶可以激發C3b的產生，不到5分鐘就可產生2×10^6個C3b。C3轉換酶亦可擔任調理素，促進吞噬反應。功能類似C3轉換酶，C5轉換酶顧名思義，可激發C5b的產生。

參、MAC的形成

C5b、C6、C7、C8、C9結合成MAC，它可移動磷脂質膜，而形成一個通道，使離子及小分子自由進出。C5由二條蛋白質鏈（α、β）構成，當C5的α鏈被切下，產生C5a流走，剩下的C5b露出其結合部位，C5b的半生期為2分鐘，除非與C6接，才能穩定下來。

C5b6留在細胞膜的親水表面，當C5b6與C7相接時，則發生親水雙性構造轉換(hydrophilic-amphiphilic structural transition)。露出厭水區，可與膜磷脂質連接而插入雙層磷脂質中。如果以上反應

發生在免疫複體，或非細胞的表面上，則C5b67的厭水性結合部位，
不能插到目標細胞的膜上面，因而釋放到附近細胞，導致其他「無辜
受害者」的細胞分解。有些疾病即因為有這種免疫複體的作用，而使
正常組織受到無辜的傷害。

　　C5b67與C8結合後，可引起C8構型改變，露出厭水區而插入細
胞膜，造成直徑1 nm的小孔，形成此孔可導致紅血球的分解，但對
有核的細胞則不行。最後步驟則為接上多個（可以到10-16個）C9，
而形成直徑10 nm的小孔（圖12-1），因而造成離子流通，並導致周
圍水分直接流入細胞，電解質流出，最後細胞瓦解。

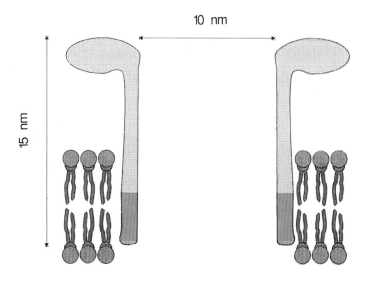

**圖12-1　C5b-9插在細胞膜上的圖示，以非極性端固著在
細胞膜的脂質雙層上。**

肆、補體反應的生物影響

在專一及非專一性免疫中，補體均擔任著重要的角色，能夠有效的防衛，並摧毀入侵的微生物及病毒。其反應影響如下：

一、細胞分解

MAC可分解微生物、病毒、紅血球及其他有核的細胞。且因替代路徑不用抗原-抗體來激發，所以可擔任非專一性防衛。如此可以和傳統路徑的專一性防衛相輔相成。

大部分有外套膜的病毒，都容易受到補體反應而分解，此乃因為病毒的外套膜主要由宿主細胞的細胞膜而來，所以容易受到MAC的穿洞，例如疱疹病毒、黏液病毒(myxovirus)、及副黏液病毒(paramyxovirus)等。補體系統可有效的分解革蘭氏陰性菌，但革蘭氏陽性菌則會抵抗補體的分解，因為其厚厚的細胞壁，可以阻止MAC插入內膜。

某些革蘭氏陰性菌亦可抵抗補體。如大腸桿菌(*Escherichia coli*)及沙門氏桿菌(*Salmonella sp.*)，因他們的細胞壁上有脂多醣體(LPS)，可以抵抗MAC的插入。另外，淋病雙球菌(*Neisseria gonorrhoeae*)可與MAC以共價鍵相接，而阻止MAC插入其細胞膜。

有核細胞比紅血球更能抵抗補體反應。要將有核細胞分解，必須同時形成好多個MAC，但只要一個MAC就可以分解紅血球了。許多有核細胞（包括大部分的癌細胞）可以胞飲MAC，如果MAC的清除夠快，則細胞膜可以修復而維持滲透平衡。這也就是目前單株抗體用

來對付癌細胞尚未成功的原因之一。將來應用單株抗體時，可將之與毒素或放射性同位素(radioactive isotope)結合，來殺死癌細胞。

二、發炎反應

在補體反應中流走的C3a、C4a及C5a等，統稱為過敏毒素(anaphylatoxin)，可以接至肥大細胞或嗜鹼性球上，而導致他們放出組織胺及其他的媒介物質。這些媒介物質可以誘導平滑肌的收縮，及增加血管的通透性。C3a、C5a與C5b67一起作用，能促使單核球及嗜中性球移向補體反應區，並激發補體系統，吸引更多抗體及吞噬細胞，以對抗外來的抗原性物質。

三、調理作用

C3b為主要的調理素，因它能夠包圍免疫複體及抗原。在吞噬細胞的細胞膜上具有CR1、CR2、CR3、及CR4等補體受器，可與C3b、C4及其分解產物相接。當C3b包圍的抗原與帶有CR1的細胞相接，如果那些細胞為吞噬細胞(如：嗜中性球、單核球、巨噬細胞)，則可進行吞噬作用，吞掉抗原。吞噬細胞一被激發，則CR1的數目會大大增加，可從休息狀態的每細胞5,000個，活化成每細胞50,000個。當被C3b包圍的抗原接至CR1上，則C3b被分解成C3bi及C3f，這使得抗原又可與CR3相接(因為具有C3bi的受器)，如此使吞噬反應比只有CR1更為有效。

四、中和病毒

補體可以中和病毒的感染力，某些病毒，如：鼻咽癌病毒、新城病毒(Newcastle disease virus)及德國麻疹病毒(rubella virus)，即使在缺乏抗體時，仍會激發兩條路徑進行。大部分中和病毒的方法，是形成多病毒聚合體(large viral aggregates)，C3b補體成分

及抗體都可擔任此種角色，以降低活性病毒的數量。被抗體包圍的腮腺腫瘤病毒（polyoma virus）可形成一層厚蛋白外套膜，如此可以阻止病毒與宿主細胞接觸，亦可促使病毒與CR1相接而被細胞所吞噬。

五、免疫複體的溶解

　　補體系統有清除免疫複體的功能，可以在患有自體免疫疾病，如全身性紅斑狼瘡（SLE）的病人中發現。這些病人因為產生大量免疫複體，而導致組織細胞的分解，且造成第二型或第三型過敏反應（見第十三章）。補體雖然會造成自體免疫疾病的全身性紅斑狼瘡，但矛盾的是90％缺乏C4補體成分的人，反而會患全身性紅斑狼瘡。因為缺乏補體成分，會干擾免疫複體的溶解（solubilization）及清除（clearance），因而造成組織的破壞。可溶性免疫複體如果被C3b包圍，則可與紅血球上的CR1相接，而被吞噬掉。雖然在紅血球上的CR1不多，每個細胞只有500個，但血液中90％的CR1由紅血球所攜帶。紅血球上的CR1會接上C3b而結合C3b的免疫複體，且將之帶至肝臟或脾臟，在那裡被釋放或被細胞所吞噬。

第十三章　過敏反應及免疫疾病之謎

　　當後天性免疫反應產生得過於強烈，或是不恰當的時候，就會造成組織的損傷，稱爲過敏反應（hypersensitivity），原來是對人體有益的免疫反應，但因爲發生得不恰當，而造成發炎及損傷。過敏反應共分爲四個類型（Type I、II、III、IV）。前三型皆和抗體有關，第四型則和T細胞及巨噬細胞有關。除了過敏反應之外，有關免疫方面的疾病還有許多種，特別是後天免疫缺乏症候群（acquired immunodeficiency syndrome, AIDS），現在由其英文縮寫（AIDS）的音譯而稱作「愛滋病」。本章中除了介紹過敏反應及愛滋病之外，也對現今逐漸受到重視的自體免疫疾病，作一簡單介紹。

壹、第一型過敏反應

　　第一型（Type I）或稱「即發性過敏反應」。當一種無害的抗原，如花粉（pollen），刺激人體的免疫系統，產生抗花粉的IgE，IgE可以激發特定的肥大細胞（mast cell）釋放組織胺（histamine），因此產生惡性的發炎反應，而導致某些症狀的發生，如氣喘（asthma）、鼻炎（rhinitis）。

　　在輔助性T細胞的協助下，抗原刺激B細胞製造IgE。IgE藉著Fc受器與肥大細胞結合，使其敏感化（sensitized），一旦敏感化的肥大

細胞表面再遇到相同抗原，抗原和肥大細胞表面上的IgE交叉連結（cross-link）使肥大細胞產生「去顆粒作用（degranulation）」，放出顆粒中的媒介物（mediator）。抗原必須和IgE產生交叉連結，也就是抗原必須有兩個抗原決定位以上，才能刺激肥大細胞放出媒介物。這種引起第一型過敏反應的抗原，就稱為過敏原（allergen），而第一次遭遇抗原，引起IgE產生的過程稱為致敏作用（sensitization）。

一、IgE

IgE在血清中是較微量的蛋白質，它在重鏈上有五個結區，和IgG的基本結構不同，IgE上的Fc部位可與肥大細胞及嗜鹼性球表面的Fc受器結合，Fc的結合對熱不安定，以56°C加熱30分鐘即可被破壞，但過敏原和Fab部位的結合力則十分強固。IgE的濃度在寄生蟲感染及特異性過敏（atopy）時會升高。

二、肥大細胞的激活

一旦IgE與肥大細胞或嗜鹼性球上表面的Fc受器結合，此細胞再遇到過敏原時，細胞表面的IgE便會交叉連結，使肥大細胞產生去顆粒作用。若只是受器的交叉連結，也能夠產生去顆粒作用，其他如許多不同的植物凝集素（lectin）也能藉由與Fc的碳水化合物基結合，而連結二個IgE，引起顆粒的釋放。一旦肥大細胞的Fc受器被交叉連結時即可被激發，在下列情況時可以發生：

1.二價之抗體與IgE的Fc受器結合時。

2.附著在細胞表面的IgE與抗原的Fc結合時。

3.抗個體原抗體和IgE上的個體原結合時。

4.Fc受器直接與抗受器抗體結合時。

5.以交叉連結的IgE雙分子和受器結合時。

6.植物凝集素和IgE上的醣基（suger residue）結合時。

　　Fc受器的交叉連接會擾亂細胞膜的流動性，是引起肥大細胞活化的第一步。單價抗原或抗體不能引起此種交叉連結，故不能活化肥大細胞。某些藥物如甲基嗎啡（codein），嗎啡（morphine），或合成的腎上腺皮質素（adrenocorticotropic hormone, ACTH）等，可以直接活化肥大細胞的去顆粒作用，使之釋出媒介物造成過敏現象。

三、作用機制

　　當肥大細胞產生去顆粒作用時，顆粒會破裂，而裡面的內含物就會釋放出來。這些物質包括了組織胺、溶蛋白酶、肝素（heparin）及趨化物質等。此外，肥大細胞也可經由其他途徑而產生一些新的物質，即新生成媒介物質。可能的機制如下：

　　肥大細胞被激活，使膜上的Ca^{++}離子管道被打開，引起Ca^{++}離子的內流，細胞內Ca^{++}離子的濃度上升，再引起cAMP濃度上升，細胞膜發生改變並使磷酸脂酶（phospholipase）被活化及花生酸（arachidonic acid）釋放出來。被釋放出來的花生酸，會視肥大細胞的類型，而進一步被環氧酶（cyclo-oxygenase）或脂質氧化酶（lipoxygenase）所代謝。

　　若走環氧酶路徑，則最後產生的物質為前列腺素（prostaglandin）及血栓素（thromboxane）；若走脂質氧化酶路徑，則最後產生的物質為過敏性慢反應物質（slow reactive substance of anaphylaxis, SRS-A），也就是目前所知的白三烯素（leukotriene，有C及D兩型，LTC4及LTD4）。

　　早期認為組織胺最重要，因為會引起一些發炎反應而造成水腫。但現在發現，這些新合成的物質也很重要，根據它們所造成的生理反應，可分為下列三種主要的作用：

1. 作為趨化物質（chemotactic agent）──這些化學激活物質可以吸引嗜中性球、嗜酸性球、及嗜鹼性球離開血液進入組織內。

2. 作為發炎反應的致活劑（inflammatory activator）──例如組織胺的釋放，會造成血管擴張及血管通透性增加，而血管通透增加的結果，使得血液中較大的蛋白質分子也可通過血管壁而跑到組織中，會造成水腫。另外經由血小板激活因子（platelet activating factor, PAF），可導致小血栓（micro-thrombin）。

3. 作為致痙攣素（spasmogen）──如組織胺會促使血管的平滑肌收縮，而造成氣喘；而白三烯素會造成黏膜水腫或黏液分泌。

　　為了避免以上這些臨床症狀的產生，一般使用抗組織胺，其目的為穩定肥大細胞的細胞膜，使之不會因抗原的刺激而釋出組織胺，也可使用類固醇藥物來減輕臨床症狀。

四、診斷

　　在臨床上之所以會產生過敏的原因，是由於體內的IgE在作怪，我們要如何知道一個人到底對何種過敏原過敏？例如對食物過敏、花粉過敏或灰塵過敏，一般是測量病人體內IgE的量作為診斷。測量IgE的方法有兩種：

1. 放射免疫吸附法（radioimmunosorbent test, RIST）──基本上是利用抗原-抗體複體，可用動物的抗人類IgE抗體與待測樣本中IgE結合，然後利用放射免疫法來定量IgE。

2.放射過敏原吸附(radioallergosorbent test, RAST)——在試驗中
　加入特定的抗原（過敏原），然後再加入IgE，最後再加入抗IgE
　作爲第二種抗體。

　　這兩種方法的差別是在RIST所測的爲全部IgE的量，當總量高
時，表示此人對這些過敏原比較容易過敏。但要活化肥大細胞上的
IgE時，一定要有特定的抗原（即過敏原），要知道這些特殊抗原量
的高低，則要靠RAST測量。大部分氣喘的病人體內的IgE量比正常
人爲高，但這並不表示是對抗某一特定抗原的IgE也很高，雖然兩者
有相關，但又各爲獨立事件。

　　利用皮膚試驗(skin test)亦可以測定對特定的過敏原是否會造成
過敏。首先將定量的過敏原以皮下注射的方式打入皮膚內，隔20分鐘
後看看病人的皮膚有何反應，若有反應則爲陽性(＋)，可在皮膚上看
到一顆顆鼓起的小腫塊，腫塊中間是呈紅的，則知病人對此過敏原會
過敏。

五、治療

　　第一型過敏反應物治療可用減敏作用(hyposensitization)——
即利用多次而連續的注射，逐漸增加過敏原劑量的濃度，刺激IgG量
的增加，一方面在這一個過程中抑制性T細胞(Ts)被誘發出來，可抑
制IgE的量。另一方面，大量的IgG也可以和IgE競爭過敏原，所以
可使過敏現象減輕。

六、思考問題

　　既然IgE這麼一無是處，動物爲何要有IgE的產生？原來IgE的存
在，與宿主動物對寄生蟲的防衛有極密切的關係。當體內有寄生蟲感

染時，IgE會上升，這些專一性的IgE受媒介物質，如組織胺的作用，使得血管通透性上升，而讓專一的IgG和補體到達感染部位。另外嗜中性球和嗜酸性球也會被趨化因子吸引到該處，如此全體動員一起作用，把入侵的寄生蟲消滅掉。

貳、第二型過敏反應

第二型（Type II）或稱「抗體依賴性細胞毒殺過敏反應」（antibody-dependent cytotoxic hypersensitivity）。當一種抗體附著在細胞的特定抗原上，導致這個細胞被吞食或毒殺時，此種過敏反應才會發生。

第二型過敏反應牽涉到抗體及目標細胞，所牽涉的抗體有兩種，即IgG與IgM，其中IgM通常是走傳統路徑，它和IgG皆可活化C56789的MAC（見第十二章），最後會對目標細胞的細胞膜造成傷害。IgG除了可以活化補體外，也可以結合到目標細胞上，最後經由一些作用細胞，如K細胞、嗜中性球、嗜酸性球、單核球、或巨噬細胞的Fc受器，結合到IgG的Fc片斷，而對目標細胞造成傷害。

在正常的情況下，微生物入侵會引發嗜中性球的吞噬作用。但是當宿主組織曾被抗體致敏過，則宿主體內的嗜中性球，會以一般抗微生物的方式來對抗本身的組織，但因為組織通常有一大片，小小的嗜中性球吞不掉它，所以嗜中性球精疲力竭後，只好放棄吞噬，但為了防禦被它誤認為的外來物，不惜犧牲自我，將細胞內部的一些酵素都傾倒到組織上，結果造成自身組織的受損，本來是好意的防禦機轉，

卻不幸變成一種病理狀態。

　　第二型過敏反應也常常造成人類的輸血反應(transfusion reaction)及新生兒的溶血性疾病(hemolytic disease of the newborn, HDNB)，主要因為ABO或Rh血型不配合而引起，解釋如下：

一、ABO血型

　　為什麼人類在ABO血型上，天生就具有各類抗體和抗原？即人類對抗異體血型的抗體產生，並未事先受到異體紅血球的刺激，這些對抗ABO抗原的抗體乃是自然發生的。此乃位於人體腸道內的某些微生物表面上，具有與ABO系統相同的抗原決定部位。這些抗原活化了ABO系統使其產生抗體。在輸血時，要特別注意供血者與受血者間的ABO系統是否配合，所以輸血前要作配對測驗。

　　對抗ABO系統的抗體是IgM，它們會引起血球凝集、補體活化及血管內出血。而其它血型系統則引起IgG抗體，其所引起血球凝集的能力較IgM為差，所以懷孕中的母親與胎兒不會因血型的不同，而發生胎兒的凝血現象。因為IgM無法通過胎盤。

二、Rh血型

　　Rh血型為引起胎兒溶血症的主要原因之一，偶而也會造成輸血反應（見第七章）。在Rh系統中含有很多種抗原，最常見的為D，C，c，E，e，其中D（又稱RhD）具有最強的抗原性。帶有D抗原的人為Rh陽性(＋)，不具者，則為Rh陰性(－)。中國人Rh(＋)的約有99％，而Rh(－)的不到1％；Rh血型在歐美國家引起較多的問題，因為一般Rh(＋)的人為85％，而Rh(－)的人高達15％。一個Rh陰性(－)的人並不會自然地產生抗D抗原的抗體，這一點與ABO血

型系統會自然產生IgM抗體不同。Rh(－)血型的人初次輸入Rh(＋)血液後，會受D抗原刺激而產生抗D抗原抗體，當第二次再輸入Rh(＋)血液時，在高效價的抗體及補體存在下，則發生溶血。

　　當母親的血型為Rh(－)（即不具D抗原），而懷孕之後胎兒為Rh(＋)，在第一胎分娩時，由於胎盤剝離胎兒血液與母體接觸，胎兒之紅血球進入母親循環系統中，紅血球上的D抗原誘發母親產生抗D抗原抗體。當母親再次懷孕，而且胎兒的血型仍為Rh(＋)，則因為IgG可以通過胎盤，所以會造成新生兒溶血性疾病，嚴重的會胎死腹中。

參、第三型過敏反應

　　第三型(Type III)或稱「免疫複體性過敏反應」。當免疫複體大量產生，或免疫複體不能有效地被網狀內皮系統(reticuloendo-thelial system)清除時，就導致類似血清病(serum sickness)的反應。

　　第一型與第二型過敏反應都牽涉到抗體、補體，另外也可能與嗜中性球有關。第二型與第三型過敏反應常是混合型，所以有時候與病人的生理反應很難區分。至於第二型與第三型過敏反應最大區別，在於第二型過敏反應目標細胞上之抗原是專一性的，它會被抗體所結合，所以才會有其後一連串的後續動作；而第三型過敏反應則是體內有一些免疫複體形成，它們原是抗體為了對抗抗原而形成的大複合體，但是因為它們太大了，造成體內網狀內皮系統或巨噬細胞無法將

它們有效地清除掉，而沉積在組織上，導致過敏反應。

一、過敏原因

1.持續性的感染(persistent infection)：

　　在持續感染時，體內的抗原累積很多，所以產生許多的抗體來對抗，當網狀內皮系統對這些免疫複體負荷不了時，就會沉澱在組織中造成發炎，因而產生了臨床症狀。

2.自體免疫(autoimmunity)：

　　某些疾病因為耐受性(tolerance)被破壞，所以會產生抗體對抗自己的抗原，如此產生了免疫複體，造成不良的反應（本章後詳）。

3.外界因子(extrinsic factor)：

　　例如養鴿子的人，每天吸入鴿糞中所含的微生物，故在肺的地方會有許許多多的抗體，長久下來，這些免疫複體沉積在肺中，就造成第三型的過敏反應。又有些農夫對黴菌過敏，而他們又長期暴露於發霉的秣草中，所以易得農夫型肺病(farmer's lung disease)。

二、診斷

　　當免疫複體沉積在目標器官上時，目標器官就會有發炎的現象，但如何去診斷呢？因為目標細胞的抗原上，一定有免疫球蛋白的固著，所以用抗體去對抗此免疫複體，就可將此目標細胞染色。若抗原是本身目標細胞上的抗原，則會出現有規則形狀的螢光染色圖形，若抗體所結合的不是細胞本身的抗原，湊巧此免疫複體又太大，身體過濾不了，就會沉澱在特定的組織中，因而造成沒有規則的一團螢光染色圖形。

三、由免疫複體所引起的疾病

1. 後鏈球菌(post-streptococcal)症：這是引起腎小球發炎的疾病，因為受到鏈球菌感染之後，體內將它視為外來者，所以產生抗體來對抗此細菌，但恰好此細菌表面的某些抗原與我們組織上的某些抗原相當類似，所以會形成免疫複體，主要沉積在腎小球處。

2. 系統性紅斑狼瘡症：此病除了造成皮膚性疾病外，腎臟發炎也是一個嚴重結果，因為病人自己血球中的細胞核、DNA、粒線體(mitochondria)等，都會被視為外來物，而體內就會產生抗體對抗這些抗原，故會形成大量的免疫複體而沉積在腎小球內。

3. 血清病(serum sickness)：注射馬血清時是一種被動免疫的方法，體內會將之視為外來物，而產生抗馬血清的抗體，在第二次注射時就會造成免疫複體，特別是量多時更會大量沉積。

4. 亞瑟氏反應(Arthus reaction)：一般是發生在局部的地方，如血管壁上。體內已經有了抗體，當與抗原結合成免疫複體時作用於補體，而補體再作用於嗜鹼性球而使之釋出胺類(amines)，這些物質會增大上皮細胞的縫隙，所以增加了血管通透性。血管的通透性增加，造成免疫複體沉積在血管壁，這些複體也會引發血小板、嗜中性球、及巨噬細胞的聚集，所以血管就發炎了。

四、免疫複體沉積的原因

在日常生活中，如空氣、食物均含有很多抗原，我們每天暴露在這些自然的抗原中，體內早已存在有很多種的抗體，所以隨時隨地都可能有免疫複體形成。當它形成時，身體有自然的辦法可以處理。一般清除較大型的免疫複體的機制，是藉紅血球上的CR1受器將複體帶到肝臟，由肝中的巨噬細胞將它分解成蛋白質以回收利用。若免疫複體

不是很大，則可由一般組織上的巨噬細胞將它清除，並不需要靠肝臟這個解毒器官，所以一般免疫複體，可由體內的網狀內皮系統處理掉，不至於發生免疫複體疾病或是過敏。但免疫複體爲何針對某些器官或組織（如腎臟）具有特別的親和力而造成沉積呢？依據推測有下列的原因：

1.因爲血管通透性的增加，所以免疫複體不會被帶到肝臟，因而沉積在血管壁的基底膜上。

2.免疫複體一般是隨著血液流動被帶走，若它經過腎小球處，因腎小球過濾時血流變慢，所以容易造成免疫複體的沉澱。

3.免疫複體對器官上的組織抗原有很強的親和力，特別是基膜的膠原蛋白，故可造成免疫複體的沉澱。

肆、第四型過敏反應

　　第四型(Type IV)或稱「遲發性過敏反應」(delayed-type hypersensitivity)，是非常嚴重的一型過敏疾病。當某些抗原（如結核桿菌），被巨噬細胞吞食時，T淋巴球接到訊息，並分泌淋巴素引起一連串的發炎反應。常見的遲發性過敏反應，包括移植排斥(graft rejection)及過敏性接觸皮膚炎(allergic contact dermatitis)等。第四型與前三型最大的不同之處，在於它由細胞免疫所媒介，需要較長的時間，並且有單核球的浸潤，又可分爲四類：

一、鍾斯-謀特反應

　　鍾斯-謀特(Jones-Mote)反應一般較少見，只有在實驗動物可

以見到，主要是嗜鹼性球的作用，而且只對雞卵白蛋白造成反應，又稱為皮膚性嗜鹼性球過敏（cutaneous basophil hypersensitivity）。

二、接觸性皮膚炎

引起接觸性皮膚炎的抗原是一些小分子化學物質，例如鎳，或是橡膠中的化學物質，是一些半抗原（見第五章）。半抗原本身是沒有抗原性的，但是這些小分子量的物質能夠穿透表皮，和體內的蛋白質結合，就能活化淋巴球，一段時間之後，淋巴球會放出一些趨化因子，吸引巨噬細胞，而慢慢地造成組織發炎、紅腫。

三、結核菌素反應

結核菌素反應是利用皮下注射法，將抗原打到真皮中而引起反應，在48小時後的反應為最強烈。抗原能活化皮下血管中的淋巴球，淋巴球移行到皮下組織附近一段時間之後，巨噬細胞也會出現。此反應和接觸性皮膚炎過敏是一樣的道理，只不過其抗原是大分子罷了。

四、結節反應

如果吸入了滑石粉或其他非免疫性的抗原，人體是無法將這些抗原清除掉，造成結節（granuloma）反應，一般至少要14天才有反應。因為巨噬細胞中有持久性的抗原存在，而巨噬細胞自己無法將它消滅，經由抗原的不斷刺激，所以就造成持續性的發炎。

結核菌素反應及結節反應，基本上都牽涉到一群被稱為T_{DTH}的細胞，此類T_{DTH}細胞的表面標記（marker）與輔助性T細胞類似。它辨認了抗原呈獻細胞所呈獻之抗原後，會被活化而釋放出一些淋巴素，能吸引巨噬細胞過來，這些巨噬細胞就是造成組織傷害的主因。

伍、愛滋病

免疫疾病的臨床表現，除了過敏反應之外，還有自體免疫疾病及免疫缺乏症等。免疫缺乏症可能是先天的，如狄喬治症(DiGeorge syndrome)的患者，因為先天的胸腺發育不良，而血液中缺乏T細胞，極容易受到疾病的感染。但是，現今有愈來愈多的人，卻是「反果為因」，因為後天的感染，而使先天的免疫力喪失。愛滋病是其中最嚴重的一個問題，現在已經成為全球性的公共衛生難題，其演變極為迅速而且複雜，在各地區及各危險群體中的流行更難以預估。醫學界對愛滋病之流行，必須時時刻刻加以注意與分析，分子生物學、病毒學、免疫學及臨床醫學等，須密切合作研究、深入探討，此外更應尋求跨越國際的教育界、宗教界、警界及政府之間合作，始能有效地加以防治。

一、愛滋病流行現況

自1981年愛滋病患被發現以來，病患與帶原者人數急遽增加，在短短二十年之內，愛滋病已奪去二千多萬人的生命，演變成有史以來最難於防治的流行病，全球的愛滋病患（不含帶原者）已超過四千萬人。在已開發國家（如北美、歐洲、澳洲）中，愛滋病報告病例數與估計實例相當接近，但在非洲與東南亞等開發中的國家，則由於未被診斷出來，或故意隱匿者數目眾多，報告例數與實在例數相差甚遠。由公共衛生的觀點來看，愛滋病毒帶原者的數目遠比愛滋病例數目為重要，因為愛滋病毒感染（帶原）至愛滋病（發病）之間，有一段漫

長的無症狀潛伏期，在此段期間帶原者傳染給正常人的機會甚大。愛
滋病例數僅指出過去感染情形，而且至今尚無根治性的特效藥或有效
之疫苗，因此愛滋病的防治工作，有賴於如何防止病毒感染之擴散，
而不只是如何治療已發病的病患而已。

　　根據統計，到公元2000年底愛滋病流行的情況如表13-1所示，僅
在非洲就有2540萬的成人受感染，但最值得注意的，乃是最近在亞洲
出現的帶原者急遽增加，至2000年為止，此一地區成年帶原者已經超
過680萬人。

表13-1　公元2000年時愛滋病毒流行的情況

受愛滋病毒感染者總數 全球性帶原者之分佈：	36,100,000人
亞洲	6,800,000人
非洲	25,400,000人
拉丁美洲	1,400,000人
北美及加勒比亞海岸國家	1,310,000人
其他地區	1,190,000人
累積死亡人數	21,800,000人

在醫學史上，引起人類最大悲劇的流行病莫過於黑死病，在中世紀所流行之鼠疫，曾導致當時7,500萬歐洲人中，有2,500萬人死於此瘟疫；在十八世紀中歐洲曾累積有6,000萬人死於天花；而到了本世紀初，在1918至1919年間（第一次世界大戰時）的流行性感冒，也曾殺死過2,000至4,000萬人，如今大家對流行性感冒病毒的免疫力已經大為增強，流行性感冒病毒的致病力也減弱了許多，預期會流行的禽流感，也受世界衛生組織嚴密的監控中。但若是前面所說的這些專家的預估不幸言中，人類將面臨另一場更嚴重的愛滋病浩劫。

二、愛滋病病原體

愛滋病病原體，即人類免疫缺乏病毒(human immunodeficiency virus, HIV)，在1983年分離成功。而數年之間，此病毒的分子構造、傳染途徑及臨床症狀等，均一一被研究出來。愛滋病毒的感染主要途徑有三種：一為經由血液或其製劑，二為經由精液或陰道分泌液，三為最近有增加趨勢的小兒愛滋病，乃為經由胎盤、產道或經過哺乳的垂直感染。

在1985年，又發現一群西非塞內加爾人的血清，對猿猴免疫缺乏病毒(simian immunodeficiency virus, SIV)抗原的反應比對HIV強。不久就由一群罹患愛滋病的西非病人身上分離出一種新的反轉錄病毒，後來稱作人類免疫缺乏病毒第二型(HIV-2)，而把原來1983年所分離出來的稱作第一型(HIV-1)。HIV-2的生命週期(life cycle)和HIV-1相似，顆粒內有病毒完整的基因RNA。核苷酸序列分析顯示HIV-2和HIV-1只有42％相似。當與特定細胞受器（主要是CD4）結合後，病毒顆粒會進入細胞內，然後脫去外殼，經由其反轉錄酵素

進行反轉錄，再以前病毒(provirus)的方式，將整組病毒基因嵌入宿主細胞的DNA中間。嵌入的病毒DNA，再藉由宿主細胞的構造及成分來轉錄及轉譯，以製造所有必要的病毒蛋白質及RNA來組合成新的病毒顆粒。

　　HIV-2和HIV-1一樣，基本受體是CD4，易受感染的細胞主要是帶CD4的T淋巴球。全球性愛滋病之蔓延大都屬於HIV-1；但HIV-2已常見於西非一帶，甚至1990年代已發現於東非、歐洲、美洲、甚至亞洲。雖然兩者均可導致愛滋病，惟HIV-2之蔓延較慢，而且潛伏期也較長。

三、愛滋病感染初期及潛伏期

　　愛滋病毒感染時，大部分病人沒有任何症狀或反應；但過了幾星期或幾個月之後，部分病患可能出現短暫的輕微全身性症狀，類似傳染性單核球增多症，此時病患尚無免疫障礙，但血液中的抗體轉呈陽性化。急性期症狀包括短暫的淋巴腺腫大、脾臟腫大、出汗、發熱、疲倦、皮膚發疹、肌肉關節酸痛及咽喉疼痛等，症狀可能持續幾天或幾星期，大部分病狀不經治療即可自然痊癒。

　　初期症狀消失後，帶原者便進入漫長而無症狀的潛伏期。到底潛伏期會持續多久？平均多長？演變成愛滋病的機會多大？何種「輔助因素」促使帶原者發生愛滋病？至今均無定論，但可以肯定地指出潛伏期甚長，平均可能長達十年或更久，累積的經驗與追蹤，顯示在三年內有90%以上的帶原者會有初期症狀出現，或有免疫機能惡化現象；若是追蹤五年，則可能有30-50%帶原者會演變成為愛滋病；若是追蹤七年，更可高達36-70%；也有人推測，若是追蹤二十五年，

可能達百分之百。

是否有「輔助因素」促進病情的進展？一般相信，僅有愛滋病毒感染不易發病，必須有其他病原體的感染，例如單純疱疹病毒感染，或有其他免疫性刺激，才能演變為愛滋病。其他輔助因素可能包括營養、宿主遺傳的感受性、全身的健康狀態、恐懼感及口服避孕藥、甚至抽煙等。黴漿菌(mycoplasma)的感染亦可為輔助因素之一。

四、愛滋病病程

早期臨床學家把愛滋病的病程分為四期：即無症狀期、持續全身性淋巴腺腫期(persistent generalized lymphadenopathy, PGL)、愛滋病相關複合症狀期(AIDS-related complex, ARC)及愛滋病期。經過密切追踪後，發現大部分病患的病程是逐漸進行性的。愛滋病毒感染後，部分帶原者會出現短暫的急性症狀，之後進入漫長的潛伏期；後來再轉變為持續性全身淋巴腺腫(PGL)，最後發展為愛滋病，病情各時期的臨床症狀與T4細胞數目息息相關。愛滋病相關複合症的幾項臨床表徵與實驗室的異常如下表（表13-2）。

愛滋病的各種伺機性感染中，最常見且對生命最具威脅者，就是卡氏肺囊蟲肺炎(*Pnewmocystis carinii* pneumonia)，尤其是在歐美或台灣，可能有一半以上的愛滋病患出現此種感染。在肺炎初期，X光查不出任何異常，病人僅有氣急、咳嗽、發燒、缺氧等症狀；由於是緩慢性進行，病患不自覺病狀已經惡化。若在此時期作肺功能檢查，可能查出呼吸機能的障礙；作支氣管鏡檢查，並以生理食鹽水灌洗，予特殊鍍銀染色或免疫螢光檢查，可對此種肺炎作早期診斷，及早治療則療效甚佳，惟因容易再發而難以根治，因為發生卡氏肺囊

表13-2　愛滋病相關複合症

臨床表徵	實驗室檢查
疲倦	T4細胞或淋巴球之減少
盜汗	貧血
淋巴腺腫	血小板減少或血沉加速
體重減輕（10%或以上）	γ球蛋白之增加
發燒	遲發性皮膚反應之減退或消失
下痢	
輕微伺機性感染	

蟲肺炎時，免疫功能已經崩潰，病患需密切追踪，長期維持治療。

五、愛滋病毒的突變及研究新知

　　愛滋病毒的突變，主要在其表面抗原gp120上，代表一種病毒基因產物(gene product)，分子量為120,000 Da，其突變速率比流行性感冒病毒還快，並且也複雜。由每一個病患所分離出之株種不一致，即使同一個病患在不同時期分離的株種也不一致，甚至在同一名病患身上，可同時分離出幾種不同的株種。尤其使用AZT等治療藥物，更容易誘發有耐藥性的突變種出現。

　　干擾素、第二介白素等淋巴素與γ球蛋白等，現今被廣泛地應用，甚至免疫抑制藥如cyclosporine A亦有部分效果。最近抗愛滋病毒疫苗的研究成果極多，但能有實用效果的不多，仍需百尺竿頭更進一步的努力。自1987年開始，無論對愛滋病治療，或對各項伺機性感染的治療與預防，均有相當的成果，今後的目標是如何改善CD4細胞之機能障礙。

　　最近較爲人注意的報導是引起神經精神症狀，可能是愛滋病毒本身直接感染腦部所引起。總之，愛滋病是極複雜的疾病，欲了解此病需具有公共衛生、傳染病、性病、微生物學、免疫學等基礎知識，換句話說，若能明瞭愛滋病，即可窺知醫學全貌。

陸、自體免疫疾病

　　正常動物不會對自己體內物質產生抗體，但是有許多實驗性疾病，如過敏性腦炎（allergic encephalitis），以及某些人類臨床疾病，如橋本氏甲狀腺炎（Hashimoto's thyroiditism），均發現在人或實驗動物體內存在有對抗本身組織成分的抗體。此種對抗自己體內物質的抗體稱爲自體抗體（autoantibody）。

　　自體免疫是指免疫系統對自己本身的組織抗原或組織抗原的產物，失去了免疫耐受性，而使自身的組織遭受免疫系統的攻擊。自體免疫疾病可分爲兩大類型：系統性自體免疫及器官專一性的自體免疫。器官專一性的疾病常侵犯的目標器官包括甲狀腺、腎上腺、胃及胰臟。非器官專一性的疾病，則包括風濕性疾病在內，會侵犯的器官有皮膚、腎、關節及肌肉等，但會有明顯的重疊現象，例如，有許多有胃自體免疫性的惡性貧血病人，也會出現抗甲狀腺抗體，而這些人罹患甲狀腺自體免疫疾病的發病率，也較正常人爲高。

　　雖然自體抗體的發現是根源於動物的病理現象，但自體抗體對動物體本身似乎也有受益的一面。例如對抗補體（complement）的自體抗體，稱爲免疫黏著素（immunoconglutinin），可以在實驗動物體

內，幫助防禦系統移除入侵的細菌；對抗γ-球蛋白的自體抗體，當γ-球蛋白包住侵入的微生物時，可與γ-球蛋白結合而促進噬菌作用，移除入侵者。

一、自體免疫性疾病的種類

　　與自體抗體有關的疾病，除了橋本氏甲狀腺炎及過敏性腦炎之外，還有自體免疫萎縮性胃炎（autoimmune atrophic gastritis）、變態反應性腦炎、某些男性不孕症（male infertility）、潰瘍性結腸炎（ulcerative colitis）、重症肌無力（myasthenia gravis）、風濕性心臟病（rheumatic heart disease）、類風濕性關節炎（rheumatoid arthritis）、全身性紅斑狼瘡（SLE）、皮硬化（scleroderma）和皮肌炎（dermatomyositis）等。有很多疾病是與自體抗體的形成相關的，但這些自體抗體到底是僅僅與疾病相伴而生，或者是此一疾病的重要病因，通常不易確定。就像微生物學家從病人分離出一種微生物時，馬上面臨一個問題，究竟該微生物是否即為此一疾病的致病病原體呢？（見第十四章郭霍假說）。維特斯基（Witebsky）提出四項類似郭霍假說的準則，用以決定免疫學現象與自體免疫性疾病間的病原關係。其假說如下：

1.自體免疫反應必須經常與此一疾病相關。

2.必須能於實驗動物體內誘發出類似的疾病。

3.誘發出的疾病與原來疾病的免疫病理變化必須相當。

4.移轉患者之血清或淋巴細胞，可將此自體免疫性疾病傳給正常個體。

二、自體免疫性疾病的原因

從免疫學的觀點來看，自體免疫的抗原通常是不能存在於循環系統中的。一個體發展出自體免疫反應的情況，有以下四種可能：

1.隱蔽性抗原

即個體對一些在正常狀態下，不為免疫系統所辨識的抗原，發生免疫反應。此類抗原稱作隱蔽性抗原(sequestered antigen)，最好的例子是精子抗原和眼球中晶狀體蛋白。精子在成熟時出現一種抗原，此抗原在未成熟的生發細胞(germ line cell)內並不存在。男性睪丸炎是流行性腮腺炎感染(mumps infection)的一種偶發性併發症，其病因可能就是流行性腮腺炎病毒破壞曲精小管(seminiferous tubule)的基膜障壁，致使免疫細胞侵入辨識到這些抗原，而造成免疫反應的結果。

2.改變的抗原

即個體針對經改變過的自體抗原發生免疫反應，抗原的此種改變，可因物理、化學或生物的方法產生，如不全抗原的附接、藥物的處理、物理的變性或突變等。自接性不全抗原(autocouplin antigen)會造成新的抗原決定位，已被確證是接觸性皮膚炎對低分子量化合物形成過敏性的一種原因。

3.共有性抗原

即與自身抗原共有(share)某些反應部位，或與具有交叉反應性的外來抗原發生免疫反應。外來抗原若與自體物質具有交叉反應性，則有潛力造成自體免疫性疾病的潛在危險。在病原微生物中已發現到許多和組織成分具有交叉反應的抗原存在，在本章最後面將舉錐蟲(trypanosome)的感染為例來解釋。

4.突變或免疫耐受性受到干擾

具免疫能力的細胞若發生突變，可能導致個體的免疫耐受性被破壞，而對正常的自身抗原產生免疫反應。化學物質、藥物或感染性病原體，均有可能造成此種作用。存在於很多組織、淋巴器官和血液內的一種白血病病毒（leukemia virus），常會附著於淋巴細胞的表面，此病毒可干擾正常淋巴細胞對抗原的反應，導致該動物對自身抗原免疫耐受性的喪失，而造成自體免疫性疾病。

三、全身性紅斑狼瘡

全身性紅斑狼瘡是發生在年輕婦女的一種嚴重疾病，病害可能牽涉到很多的組織。體表的主要症狀，包括鼻部和上頰發生的紅疹。較嚴重的內部病害則涉及腎臟、血管、血球和心臟。此疾病常與數種免疫現象相伴而生，例如：免疫複體的形成、補體的缺乏、自體抗體的產生及第二型或第三型過敏反應的現象等。

在全身性紅斑狼瘡患者的血清中，可以檢測到數種具有抗細胞核作用的抗體。依據螢光抗體技術，有些抗體可以均勻地染上細胞核，有些則呈斑點狀，有些則可染上核仁（nucleolus）。另外還可檢測到抗細胞質的抗體。

四、類風濕性關節炎

類風濕性關節炎是關節及結締組織的一種發炎性疾病，有時可造成關節的永久性變形。雖然對關節液的微生物群、男女的感受性差異、營養因素以及遺傳因素等做過廣泛的研究，但現今仍未能完全確悉病因。受害的關節組織有巨噬細胞和淋巴細胞的滲入。因類風濕性關節炎患者的血清可以凝集被覆有IgG抗體的紅血球，故令人聯想到，或許是一種免疫性疾病。而此種凝集因子，特被稱作類風濕因子

（rheumatoid factor, RF）。類風濕因子是一種19S免疫球蛋白，類似IgM。對人類IgG的專一性並不高，可與兔子、或其他動物的IgG發生反應。

五、其他自體免疫性疾病

最早發現的自體抗體與特定的器官性疾病有關，如橋本氏甲狀腺炎。這是一種較常見於中年婦女的慢性甲狀腺疾病，往往會造成甲狀腺腫大，而導致甲狀腺功能過低，甲狀腺被源於淋巴細胞與吞噬細胞系列的單核球及漿細胞大量滲入。患者的血清中，常含有抗甲狀腺球蛋白抗體，甲狀腺球蛋白是甲狀腺濾泡液中的主要含碘蛋白質，而甲狀腺濾泡又是甲狀腺激素的貯藏所。這些抗體可用免疫螢光法來測定，如濃度高時還可以用沈澱素反應測定，以免疫螢光法還可以偵測到抗細胞質或溶小體抗原的抗體。

另一個自體免疫疾病的例子，是一種較稀有的男性不孕症，患者的精液內含有對抗精蟲的抗體，使自己的精蟲經由頭部或尾部凝集在一起。這樣聚集起來的精蟲，不可能從事受精所需的艱難游泳過程，因而造成不孕症。

在惡性貧血時，有一種自體抗體會干擾維他命B_{12}的正常吸收，維他命B_{12}不是直接吸收的，必需先和一種內在因子的蛋白質結合，然後整個複體才能被運送通過腸黏膜。早期對惡性貧血的研究發現，口服維他命與內在因子的複體，若加上病人的血清，則無法吸收。顯然在惡性貧血病患的血清裏有一種抗體，可以阻斷維他命B_{12}內在因子複體的吸收。現今知道，病患胃黏膜內的漿細胞會分泌直接對抗內在因子的抗體到胃腔內，這些抗體與來自壁細胞的內在因子混合之

後，能夠阻斷維他命B_{12}的輸送。

　　近年來的研究指出，遭受致病株之錐蟲慢性感染的實驗動物，血清中會出現抗自體心臟或骨骼肌的自體抗體，但此種自體抗體並不會對平滑肌產生反應，所以被歸屬為器官專一性的自體免疫。此外，此種自體抗體會與錐蟲本身之某些抗原，發生交叉反應，因此推測此種自體免疫發生的成因，可能有下列數種機制：(1)錐蟲感染會造成正常抗原的修飾作用，因而被免疫系統所認知；(2)錐蟲蟲體抗原與宿主正常組織的某些蛋白質之間，有類似的抗原決定位，或共有性抗原，因而造成交叉反應作用；(3)錐蟲感染後可造成細胞的破損，經長期不斷的釋放出某些原本存在於細胞內部，不被免疫系統認知的隱蔽性自體抗原。錐蟲在整個感染過程中，可以一直存在於寄主組織，並引發細胞破裂，而造成持續終身之慢性感染期。

第十四章　感染與免疫學的意義

　　在許多生命現象中，寄生現象(parasitism)是最爲特別的一種。行寄生現象的生物，就是所謂的寄生物或寄生蟲(parasite)，是一種生物爲了獲得生長及增殖所需之環境和營養，居處於他種生物表面或體內的生物，被寄生物所寄生的生物就叫做宿主。寄生物進入宿主體內生長、繁殖，並建立了寄生物與宿主關係的過程，就稱爲感染。

　　本章將以人類爲主要宿主，來介紹感染與免疫學的意義。人類對寄生蟲的認識可說是非常的古老，但稱作寄生蟲學(parasitology)的這門科學，而且以現代化包裝出現，則是非常的年輕，如寄生蟲免疫學。面對二十一世紀的人類文明，特別是在用現代科技方法，重新闡釋寄生現象的古老主題時，寄生蟲免疫學的研究及其對人類的挑戰性，正隨著生命科學的急速發展而與日俱增，不論對寄生蟲學者或免疫學者而言，它都是近代學術發展上的一個新課題。

壹、寄生物感染的步驟

　　像肉毒桿菌或葡萄球菌等引起之食物中毒的細菌，其致病原因主要是由於其所分泌的毒素，細菌不必在宿主體內繁殖，除此之外，其他大部分寄生物感染宿主的主要步驟如下：

一、寄生物侵入宿主

　　寄生物可以藉由呼吸或飛沫傳染、食物傳染、接觸污染的器具、用品、土壤、水、人與人間之直接接觸傳染、節肢動物傳播、動物傳染、輸血或其他醫療行為等方式進入人體。人體經常遭受寄生物侵入之途徑，則有呼吸道、消化道、生殖泌尿道等處之黏膜及皮膚、傷口等。

二、寄生物於宿主體內建立感染並且繁殖

　　入侵之寄生物可直接在感染處或經由淋巴管進入血流，而到達最適合其增殖的組織內繁殖。並非所有侵入的寄生物均能成功地於宿主體內繁殖，其成功與否與宿主的抵抗力及入侵物的特性有關，例如，是否會產生莢膜、線毛、細胞外酶及毒素等。

三、寄生物離開宿主

　　成功的感染，必然也包括在宿主體內繁殖的寄生物，以適當的途徑離開宿主，並再傳染新的宿主。

貳、伺機性感染

　　寄生物感染宿主後，並非一定造成宿主的病害。相反的，存在於人體的皮膚、黏膜、口腔、咽喉、腸道、尿道後段及陰道等處之正常菌群，在正常情況下，不但不會致病，反而有益於人體，這一類的細菌，通常稱為內生性（endogenous）正常微生物菌群。在平常狀況下，正常菌群在上皮黏膜區附著生長，並可抑制致病菌之附著與繁殖，保護宿主免受致病菌感染。但是當宿主處於下列狀況下時，正常微生物菌群會造成伺機性感染，因而引起疾病：

(1)服用廣效性抗生素過多，而殺死大量無抗藥性的正常菌群，因而使得有抗藥性的少數細菌有機會繁殖而引起疾病。

(2)個體抵抗力減低，使得某些正常菌群有機會過度生長，因而致病，使個體抵抗力減低的因素有：過度疲勞、意外傷害、手術後、癌症、服用免疫抑制藥物、類固醇類之藥物及酗酒等。

(3)原本正常寄居在某一部位的微生物，若轉移到身體的另一部位，也可能造成疾病感染，例如腸內細菌若進入女性生殖道時，會引起子宮頸炎，導尿時若把腸內細菌帶入尿道，則會引起尿道感染。

另外，也有一些原本是自由營生(free living)的微生物，在某些特殊情況下，經一定之途徑而進入動物體內，成為寄生物並造成該動物的疾病，例如某些自由營生的阿米巴，在人游泳的時候經由鼻腔吸入人體，會沿嗅神經向上感染到腦部，而引起原發性阿米巴腦膜炎(primary amoebic meningoencephalitis)造成疾病。

參、感染的致病因素

已知的細菌有幾千屬，但對人體致病的僅有50餘屬，而在已知的十餘萬種原生動物中，自由營生也遠超過寄生的。在寄生的種類中，動物寄生的種類遠超過人體寄生的；在人體寄生的種類中，非致病的又超過了致病的種類。被微生物感染之後是否會致病，受到下列幾種因素的影響：

(1)微生物侵入宿主的途徑：例如大腸桿菌在腸道不致病，但進入

泌尿生殖道則會引起疾病。沙門氏桿菌侵入腸胃道可引起腸胃
炎，但吸入呼吸道時卻不會引起任何疾病。

(2)感染微生物數目的多寡：例如恙蟲病一次感染只需要一個立克
次氏菌即可致病，而沙門氏桿菌必需感染一百萬個以上才能致
病。

(3)微生物致病力的強弱：例如入侵之微生物是否產生毒性物質、
莢膜、細胞外酶，以及是否有侵襲組織的能力，是否能在宿主
體內找到適合其生長繁殖所需的營養、溫度、pH值範圍及氧
壓等環境。

(4)宿主抵抗力的強弱：被感染宿主本身抵抗力的強弱。

肆、病原體的確定

德國的醫生郭霍曾經致力於一項研究，為了要證實炭疽病是由一
種特殊的細菌所引起，而發展出一種選擇性的細菌培養方法，就是使
用人工體外培養液，培養由患病動物身上取得之血液。他想盡方法來
防止疾病發生，但是培養液中一直有活性細菌的存在，由培養物中取
得的細菌再次注入健康的動物體內時，該動物又生炭疽病，不論他繼
代培養(subculture)多少次都是如此，因而證明了炭疽病的真正原因
就是這些細菌。郭霍本人在1905年因為對結核症的研究，而獲得了諾
貝爾獎。

為了決定一種寄生物是否會對動物或人體致病，郭霍提出了所謂
的郭霍假說，以解釋宿主的疾病與病原微生物之間的關係。其步驟如

下：

(1)此種寄生物必須能由發病的動物或病人的身上分離出來。

(2)被分離出來的微生物必須能在動物體外培養，並純株化繁殖。

(3)此種培養物再次接種在健康動物或人體內時，必須能造成相同的疾病。

(4)由此發病的動物或病人身上，必須能再次分離出此種寄生物。

　　郭霍假說並不能涵蓋所有現今已知的傳染性疾病，因為有許多病毒及寄生蟲難以在動物體外純化培養，另外，有許多病原體只感染人類，在其他動物實驗感染時不能致病，現今在道德上並不能以在人體外接種方式證明，故此假說的應用也應隨時代而略加修正。

伍、病毒感染與免疫

　　病毒的感染可以區分為明顯(apparent)及不明顯(inapparent)兩大類，明顯感染又分為急性(acute)及慢性(chronic)兩種，不明顯感染則分為隱匿性(latent)或次臨床性(subclinical)兩種。明顯感染時有臨床症狀出現，而不明顯感染則否。一般急性感染持續的時間較短，只有幾天或幾個星期，如流行性感冒(influenza)。慢性感染則可以持續數月或數年之久，如傳染性肝炎(infectious hepatitis)。隱匿性感染時所產生的病毒不能被檢驗出來，宿主與病毒間似乎達到一種平衡。但是一旦平衡狀態受到妨礙，病毒開始繁殖，則明顯疾病就發生了。例如第一型單純疱疹病毒可以在人年幼的時候就感染，而藏匿在人的三叉神經節中，以後在物理、生理或環境改變時，就發生

明顯的疱疹。在病毒感染時，干擾素是宿主無專一性防禦體系中最重要的一部分。干擾素本身並不能殺死病毒，但它能和未被感染的細胞作用，誘發抗病毒蛋白的生成。干擾素對病毒之抵抗廣泛而有效，是在初次感染後第一種能被檢驗出來的防禦機制。專一性的免疫包括抗體及細胞性免疫，一般在感染後3-5天發生，每一機制在內在自衛體系統上相對的重要性，要看入侵病毒的種類，入侵的途徑、數量、擴散的方法，及宿主本身生理狀況而定。

陸、細菌感染與免疫

　　細菌的細胞壁有四個主要的基本類型，即：(1)革蘭氏陽性菌、(2)革蘭氏陰性菌、(3)分枝桿菌、及(4)螺旋菌。不同的細胞壁構造，分別由不同的免疫機轉負責破壞。四種細胞壁內均含有肽聚糖(peptidioglycan)層，革蘭氏陽性菌，如炭疽桿菌另有莢膜構造，為高分子量的多胜類，具抗原性且與對抗吞噬作用有關。革蘭氏陰性菌菌體外另含有脂多醣體為對脂層。一般溶小體的溶菌酶即可破壞肽聚糖層；補體可以破壞脂多醣體層，而分枝桿菌對於此二機制均具有抵抗力，必須要靠溶菌酶在細胞內的作用才能將之分解。細菌另有鞭毛抗原(flagellar antigen)、菌體抗原(somatic antigen)、毒素抗原(virulence antigen)及莢膜抗原(capsule antigen)等……，均可誘導宿主產生對抗之抗體。

　　抗體可直接作用在細菌表面，阻礙細菌對環境中營養物質的攝取，亦可經Fc及C3的受器產生調理作用，促使細菌被吞噬，另外，某

些抗體可以促進細菌的溶解，更有許多抗體可以中和細菌的毒素。

對黴菌感染免疫機制的研究不多，一般認為其與對抗細菌感染的免疫機制相似。

柒、寄生蟲感染與免疫

當近代免疫學發展之初，古典派寄生蟲學家並未重視，只有一少部分學者利用免疫學上的新技術去分析不同種或同種不同期寄生蟲的抗原。令人驚訝的，他們並不只是看見寄生蟲的抗原性比細菌或病毒的複雜而已，還看見在免疫系統的強勢作用之下，許多細菌、病毒及黴菌為之喪命，而寄生蟲卻不但能安然生存，而且大量繁殖。也許在疾病傳播上，寄生蟲受到了複雜生活史的限制，但在面對宿主免疫系統的壓力時，寄生蟲脫逃機制的發揮，絕非普通等閒之輩的表現。特別是1969年，科學家在研究血吸蟲的感染後，提出共存免疫(concommitant immunity)的觀念，之後，維克曼(Vickerman)更描述非洲睡眠病原蟲表面抗原的變化，展開了人類對於寄生原蟲基因庫廣大浩瀚之感嘆。

研究寄生蟲的感染，在免疫學發展史上有其獨特的意義，因為許多寄生蟲病無法使用傳統的方法診斷，這些寄生蟲或是躲在組織中、或在遷移時期、或入侵到特別的部位、或在慢性感染期、或在宿主治療中的感染，都必須使用免疫診斷的方法。另外，的確有些病人有免疫力產生，能被保護免受到某些寄生蟲再次感染。此外又有使用疫苗預防動物寄生蟲病的成功例子，也大大激勵了寄生蟲學家。當然其他

許多研究，例如免疫病理、過敏反應、自體免疫及免疫抑制作用等，
都是在寄生蟲感染中常見的研究主題。

第十五章　疫苗

　　在現代化的國家中，疫苗是保護國民健康的必需品。在嬰、幼兒時期施打疫苗，不但能提高兒童對抗疾病侵害的抵抗力，更可以發揮群體免疫的效果，有效地遏阻傳染病的發生，因此疫苗接種成為各國政府維護國民健康，以及國際間保健合作的重要工作。

壹、孩童的免疫預防注射計畫

　　在成長過程中，每個人都有預防接種的經驗，一般現代化的國家中，孩童的免疫預防(immunoprophylaxis)注射，可以開始於新生兒剛出生之時。在預防醫學上，免疫學專家建議的接種年齡，可以參考表15-1。但實際實施時，有時不按照此表所建議的時間或次序去執行，例如臺灣地區自民國44(1955)年起，實施白喉、百日咳、破傷風(DPT)三合一疫苗的免疫接種計畫。普及率雖然很高，但一直到最近調查，學齡兒童六歲時，完成四劑的基礎預防接種（年齡在2個月、4個月、6個月及18個月各預防接種一劑）的只有80%，不論如何，在小學入學的時候都會再接受另一劑的追加注射。這可以說是我國執行最良好的預防接種計畫，孩童們對白喉、百日咳、破傷風免疫能力增強，並具有長期的保護力。

表15-1　兒童預防注射的建議計畫表

疫 苗 項 目	建 議 注 射 日 期
B型肝炎	出生時及1歲左右
白喉、百日咳、破傷風 三合一疫苗（DPT）	2、4、6、18個月大及5歲左右
脊髓灰白質炎（小兒麻痺）	2、4、6個月大及5歲左右
水痘	1歲及12歲時
麻疹、腮腺炎、德國麻疹	1歲及5歲時

貳、減毒疫苗的發現

　　疫苗是免疫學對人類健康最偉大的貢獻之一，但疫苗能有今天這種成就，要歸功於琴納及巴斯德二人所開創的局面。他們的故事在本書的第一章中就已經提過，這裏要再特別提到巴斯德，因爲他在偶然的機會中，發現到兩種將致病性微生物減少毒性的方法，對後來疫苗的製造及發展，有極大的貢獻。

　　在第一個方法中，巴斯德首先發現到，剛由病雞所分離培養出的雞霍亂桿菌，可在注射到健康個體時引起雞霍亂，但在經過體外長期培養之後的老化菌液，便不能再對雞隻引起疾病。若將近期的新培養物注射到事先已接種過老化菌液的雞隻內，也不能引起疾病（圖15-1）。這是致病菌減毒方法的第一個實例。

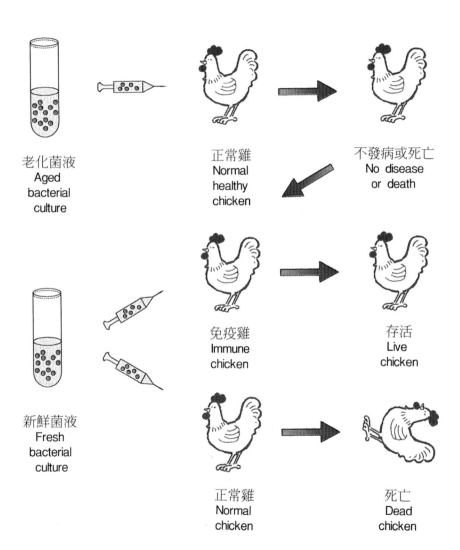

圖15-1　巴斯德的雞霍亂實驗，老化菌液不但不能引起雞霍亂，反而
　　　　使雞對霍亂產生了抵抗力。

在第二個例子中，一般炭疽桿菌(*Anthrax bacillus*)的生長溫度是37°C，在此溫度下取得的培養物具有完全的毒性。巴斯德發現若將該菌先培養於42°C一段時間之後，再接種到羊的體內，就不會引起疾病，而且對以後再接種37°C培養出的細菌能具有抵抗性。這些減毒的方法，對以後結核症(tuberculosis)、黃熱病(yellow fever)、布魯氏菌病(brucellosis)、脊髓灰白質炎(poliomyelitis)及其他嚴重疾病的疫苗發展，具有極大的助益。

參、疫苗的研究與發展

使用疫苗的目的，在預防下一次有相同病原體感染時發生疾病。因此，在疫苗的研發上，必須考慮到疫苗安全性與有效性，及是否會引起免疫抑制或自體免疫等作用，我們就針對這幾點來討論疫苗的設計及選擇。首先就有效性來看，疫苗的設計要能發揮預防疾病的功能，必須考慮到下列數點：

一、疫苗的致病性及抗原性

病原體造成疾病的原因，可能是產生毒素，也可能是對組織有侵犯性，不同病原體的致病方式各不相同。即使是同一種病原體，也可能有許多種不同的血清型，這在細菌性病原體特別顯著。因此決定使用何種抗原作為疫苗極為重要，必須先找出病原體的某一種抗原，既可以引起具有保護性的抗體，又不會引起嚴重致病的反應，包括引起自體免疫等情況，才是好的疫苗。

二、疫苗給予的位置及方式

　　疫苗給予之位置及方式包括肌肉注射(intramuscular, I.M.)、腹腔注射(intraperitoneal, I.P.)、皮下注射(subcuteneous, S.C.)、口服(oral)及噴沫(spray)等。疫苗所引發的免疫力，要能有效阻斷病原體的生長、擴散及對組織造成的傷害，且必須要能針對病原體的致病原因，在不同階段分別擊破。以皮下或肌肉注射所產生的全身性免疫力，如IgG抗體，可能無法在局部部位，譬如腸胃道等黏膜系統，產生作用；在黏膜系統裡，如果能以口服方式給予，產生IgA抗體，將更為有效。疫苗給予之次數是單一或多次；也必須配合所施打的對象來應用。

三、保護性免疫反應機制

　　最近的免疫學研究顯示，抗原刺激免疫力，包括抗體的產生與細胞性免疫力，分別需要Th1或Th2兩種輔助性T細胞的幫忙，而Th1與Th2細胞之間有彼此互相調控的作用，兩者之間可形成一種平衡。如果活化結果偏向Th2細胞，將只有抗體的產生，反過來，如果活化導致偏向Th1細胞，那麼細胞性免疫將會佔優勢。對一般細菌性的感染，抗體即能提供保護的能力，但對於病毒的感染，則需要細胞性免疫，尤其是毒殺細胞的參與。因此Th1及Th2之間的轉換，對於病毒的感染可能會有不可預期的後果。如果疫苗的使用不當，不但不能提供適當的保護力，反而使免疫系統敏感化，造成下一次真正感染時，傾向於Th2的活化，將使疾病更為嚴重。在過去疫苗的使用中，已經有發生過錯誤的先例，這也是未來發展疫苗時，不能不注意的另外一種安全考慮。

四、其他因素

　　其他可供參考的因素包括有：(1)疫苗給予的劑量，如成人或孩童、動物成體或幼體，劑量各不相同。(2)疫苗保存方式，如防腐劑、冰凍保護劑、抗生素的加添、保存、溫度、濕度、脫水情況等，及(3)佐劑的選擇，如水溶性或油性、完全佐劑或不完全佐劑等。

五、疫苗發展成功的因素

　　疫苗開發其實都先有策略，要在下列情況下才有繼續發展的價值：

(1)沒有其他治療方法，或其治療方法很昂貴、很痛苦、有副作用、有後遺症等。

(2)其他預防方法效果不彰，或執行困難。

(3)疾病本身的散傳力強、病期長、會復發、有高比率的組織病變而非僅生理病變發生。

(4)致死機會降低到實際感染致死之二十分之一以下，動物疫苗施打時，每二十個不致損失一個。

(5)疫苗價值在動物價值的五十分之一以下。

　　其他如社會條件的配合、衛生教育、冰箱保存、電力供應，及交通支援等也應列入考慮，如果要在無電力供應的熱帶非洲使用時，就不宜發展需要冰凍保存的疫苗。在治療藥品極便宜，或其他的預防措施不難控制病情、疾病病期短、癒後情況良好、疫苗昂貴、社會條件難以配合等情況下，疫苗發展註定失敗。

肆、疫苗的類型

　　疫苗可以有許多種類型，包括：(1)控制的感染，特徵是時效有

限，但因個體上的差異，怕假戲眞作，對高危險群最合適。(2)死蟲疫苗，即以甲醛(formalin)等化學藥品，或加熱、或輻射線殺死後，當作疫苗。一般是蟲的粗萃取物，其效果不長，因其功能性抗原如滄海一粟，掩蓋在一大堆無用的體抗原(somatic trash antigen)中，常常買櫝還珠，白費功夫，不易命中。(3)減毒活蟲疫苗，如本章前述。(4)異種寄生蟲、變性蟲體、或異質蟲體，常用於動物，但效果難期。(5)純化抗原，命中率提高，方便疫苗之規格化、品管、運送及儲存，可在寄生蟲變化把戲之前，選好其核心抗原而解決它。(6)非專一性免疫，如單獨使用佐劑而引起免疫。(7)基因重組疫苗等。

伍、抗寄生蟲疫苗的發展

　　免疫學在應用上可以分爲「免疫診斷」、「免疫治療」及「免疫預防」等三個領域，其實比起近年來迅速發展的寄生蟲「免疫診斷」、及「免疫治療」來說，免疫學更早就被應用在寄生蟲的「免疫預防」上了。獸醫界在1959年爲防治牛及羊肺線蟲，而發展出第一個抗寄生蟲疫苗。而在1989年，澳洲的獸醫們也成爲最先使用基因重組疫苗來預防綿羊囊蟲(*Taenia ovis*)感染的寄生蟲學家。

　　就算疫苗是只局限在寄生蟲的「免疫預防」上，這領域中仍舊有許多不同的主題，例如：(1)爲何抗寄生蟲病之疫苗受到重視，(2)寄生蟲病免疫預防上遇到的困難，(3)發展何種類型的疫苗，及(4)是否引起免疫抑制或自體免疫作用等，其中單是寄生蟲病免疫預防上遇到的困難就值得大書特書，與一般由病毒或細菌感染所得到的免疫學知識有

極大的不同，因為其中包括的變數有：(1)生物個體的複雜性。(2)寄生蟲生活史中有不同期的蟲體抗原專一性。(3)寄生蟲有免疫脫逃機制。(4)對抗寄生蟲的免疫力發展過程緩慢。(5)其他不同程度的困難等。

　　儘管如此，寄生蟲學家還是信心十足的走上了疫苗研發的這條路。撇開巴斯德研究所在血吸蟲疫苗上的進展不談，十多年來，世界衛生組織在瘧疾疫苗的研究上，投下的人力、金錢十分可觀。為什麼寄生蟲學者認為他們能發展出抗瘧疾疫苗呢？其原因有五：(1)五歲以上孩童感染的致死率降低。(2)隨年齡增加感染率降低，且患者血液中之寄生蟲數目明顯減少。(3)免疫血清能降低血液中寄生蟲濃度。(4)以輻射處理之蟲體做免疫實驗，能保護人類志願者免受感染。(5)次單位疫苗足以提供部分的保護作用。

陸、免疫預防總檢討

　　在中國古代把疾病當作病魔控制或攻擊，他們用了咒語、符籙、驅鬼、打鬼、甚至捉鬼，來與病魔搏鬥。比較能除害的有效措施應該是揮灑「赤丸、黃丸」，以除疫的方式，也就是用丹砂、雄黃等有殺菌、殺蟲作用的藥物，或用碳酸鈣、磷酸鈣及牡蠣灰等對防疫殺蟲略微有效，但對患家鄰舍等人體免疫力的增加，毫無功效。直到摸索天花防治的方法時，才找到「人痘」種痘法，使用病人痘衣、痘漿、痘痂來作疫苗。事實上，英國的琴納醫生巧遇擠牛奶的村婦，而由一句英國皇家學會不可置信的話，再經過了數千次的接種試驗，才把「牛」痘種到人身上。

在過去疫苗使用的歷史中，許多都是由嘗試與錯誤而累積下來的經驗，很多疫苗的成功例子都只不過是「走運」巧合而已，有的甚至到今天，我們都還不知道眞正的原因。隨著生物醫學的進步以及在生物科技日新月異的發展，我們需要針對特定病原體的致病力，及其與相對的保護性免疫力做合理的設計，才能使疫苗的應用更爲準確有效。

第十六章　免疫實驗系統及研究展望

　　在本書的最後，要簡單的介紹現代免疫學中最常用的實驗系統，以及在免疫學上最常用的研究工具。免疫學家雖然應用了許多常在其他生物科學中所使用的技術，例如，以生化學及蛋白質的分離法來分離與測定抗體分子的特性，免疫學亦發展了一套本身的技術及實驗的系統，特別是關於抗原和抗體的相互作用，這些技術有的在前面的章節已經概要描述，本章介紹在免疫學一般實驗工作常使用者。這些技術雖然原本是免疫學家所設計的，但在其他生物科學上的應用亦日漸普遍，因為抗原抗體的鍵結具有專一性，任何可引發產生抗體的分子，均可利用抗原抗體反應精確的予以鑑認。對免疫學家而言，在研究上常要碰到選取實驗系統兩面為難的情況。一方面，由於動物體內複雜的生理作用，以及不可控制的細胞間交互作用，常使得免疫實驗的研究結果，難以解釋。另一方面，又由於體外培養系統太過於人工化，常使人難以確定一個免疫反應是否真的能在動物體內發生。

壹、實驗動物模式

　　近親品系（第八章）的實驗動物模式(experimental animal model)因所帶的基因相同，是免疫學研究上的利器。免疫學家曾經藉此證明：由打過某種抗原之動物所分離的淋巴球，能將免疫力轉送

到未接受過此抗原的同品系動物體內。基因統一（syngeneic）之動物乃經由同品系繁殖而來，因爲老鼠的生殖週期短，故經過一段時期的雜交處理，可使異基因型（heterozygosity）被同基因型（homozygosity）所取代。近親品系的動物，通常有某些基因多半相同，所以一般只要經過二十代左右的近親交配，所有的基因位上的基因即可達到98％的同質性。

貳、領受轉植系統

免疫細胞的領受轉植（adoptive-transfer），可以藉由接受者淋巴球之小鼠對移植皮膚之排斥而加以證明（ 圖16-1 ），此時，提供淋巴球的動物稱爲移植供應者（donor），接受淋巴球的動物則稱爲接受者（recipient）。以輻射線，如X光（X-ray）將一個接受者的淋巴球「去活化」，可以消除接受者本身的免疫反應，然後再移植供應者的淋巴球，進入此接受者體內以研究其反應，如此被植入之淋巴球，可以不受接受者本身免疫系統的干擾。此種研究稱爲領受轉植系統（adoptive-transfer system）。

如果所接受的細胞會受到干擾，則必須使用更高的劑量之輻射線，以徹底摧毀其造血系統，此老鼠必須由供應者處快速重建其整個骨髓的造血功能，否則很快就會死去。這個方法可以用於：(1)研究淋巴性幹細胞在不同器官的發展。(2)研究不同的淋巴球族群。(3)研究建立免疫反應所需之細胞間的作用，換言之，用此系統才知道 Th 細胞爲B細胞活化時所必需。

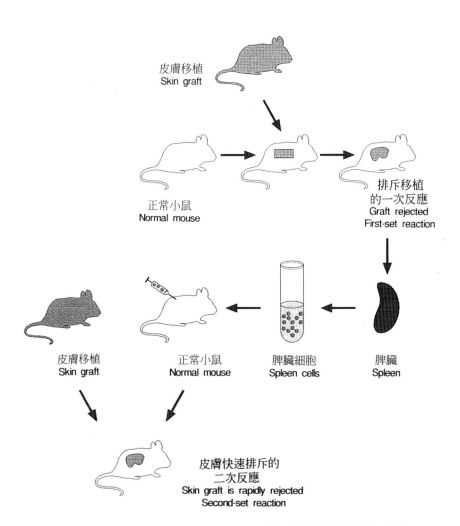

圖16-1 免疫細胞的領受轉植。藉已免疫小鼠之脾臟細胞的轉植，正常小鼠可迅速產生對移植皮膚的排斥力。

參、細胞培養系統

　　為了了解人類的疾病，過去常使用黑猩猩做實驗，但是近年來動物保育或是自然生態保育的意識抬頭，以黑猩猩作為人類疾病的實驗品逐漸困難，目前可以替代人類的靈長類動物，也大多是列入保育類的動物，即使是實驗室常用的小白鼠、天竺鼠或是兔子，也逐漸被「細胞培養」的實驗系統所取代，因為使用細胞培養的細胞，比較沒有實驗動物在遺傳背景、個體年齡、性別、激素、生長因子、或接觸病原體的歷史等等不易控制的變因和困擾，使得細胞培養成為免疫實驗系統的天之驕子。

　　細胞培養實驗系統(cell culture system)的優點顯而易見，它使研究者同時能掌握許多種不同的變因，在極短的時間內做完所設計的實驗，唯有以培養體細胞來作疾病的研究時，我們才能一天進行好幾千個實驗。除了不必在動物實驗中經歷所有選品種、控溫度、調溼度、加水餵飼料、測生長、等待成熟，分性別、給它們打針、清理它們的糞便、檢查它們的反應等許多優點之外，在最後實驗完成時，也沒有宰殺動物時的那種來自人道主義的愧疚感。

　　一般初代培養（直接由動物活體取出而培養）的細胞，有一定的生命期(life span)，不易在體外培養情況下維持50代（連續分裂）。而某些繼代培養的細胞，卻可以在體外永遠繁殖下去。成功的細胞培養使用含有胺基酸、維生素、鹽類、葡萄糖、及動物血清等特定組成的培養液，可以使細胞在從動物體分離後仍能不斷繁殖，成為穩定的

細胞株。免疫學上常用的細胞株(cell line)包括了L-929細胞，一種小鼠的纖維母細胞，小鼠P338D1巨噬細胞，及小鼠的SP2/0不分泌型骨髓瘤細胞等。經過單株化的細胞通常有下列特性：(1)可以無限制地培養增殖；(2)爲一群來自同一母細胞，帶著相同遺傳背景的細胞；(3)取得的方法多來自自然發生的淋巴細胞瘤或巨噬細胞瘤；(4)通常具有不正常數目的染色體。

肆、電泳技術

不同蛋白質所構成的抗原或抗體片段，在實驗中是如何分開的？一般人是使用膠體電泳(gel electrophoresis)。聚丙烯醯胺(poly-acrylamide)是多孔性的膠體，像篩子一樣有分開不同大小分子的功能。聚丙烯醯胺膠體電泳，被用來分開蛋白質已經有四十年的歷史了，可用來分離不同分子量或帶不同量電荷的蛋白質。

伍、免疫製劑的開發

製藥工業現在大舉朝向生物製劑的目標前進，因爲只要開發一種新的生物製劑，例如美國的西圖公司利用大腸桿菌生產的重組第二介白素(recombinant interleukin-2)，加上製藥的專利權後，結果是一家賺錢萬家賠，資金自然而然的向少數能開發新藥的公司集中。

陸、免疫診斷技術的應用

　　寄生蟲是宿主動物最自然也是最好的生物標記，在研究生物地理學、族群學、種源學或生態關係史，特殊傾向的群聚，動物相上特殊變化或分佈，都構成研究生物多樣性的基礎。但這些人體或動物的寄生蟲病或寄生蟲標記，最好的篩檢方法就是利用ELISA或IFA等免疫診斷技術。而人類寄生蟲病的地域性分佈，使得HLA基因對寄生蟲感染之先天免疫力，或人體內各種免疫細胞族群動態平衡的關係，成為未來免疫流行病學中最值得投入的研究方向。

國家圖書館出版品預行編目資料

內在自衛系統的秘密

趙大衛著. - 初版. - 臺北市：臺灣學生，
2005[民 94]
面；公分（中華民國中山學術文化基金會中山文庫)

ISBN 957-15-1298-2 (平裝)

1. 免疫學

369.85　　　　　　　　　　　　　95001091

中華民國中山學術文化基金會中山文庫

內 在 自 衛 系 統 的 秘 密

主　　　編：劉　　　　　　　　　　真

著　作　者：趙　　　　大　　　　衛

發　行　人：盧　　　　保　　　　宏

發　行　所：臺 灣 學 生 書 局 有 限 公 司
　　　　　　臺 北 市 和 平 東 路 一 段 一 九 八 號
　　　　　　郵 政 劃 撥 帳 號：0 0 0 2 4 6 6 8
　　　　　　電　話：(0 2) 2 3 6 3 4 1 5 6
　　　　　　傳　眞：(0 2) 2 3 6 3 6 3 3 4
　　　　　　E-mail：student.book@msa.hinet.net
　　　　　　http://www.studentbooks.com.tw

本書局登
記證字號　：行政院新聞局局版北市業字第玖捌壹號

印　刷　所：長 欣 彩 色 印 刷 公 司
　　　　　　中 和 市 永 和 路 三 六 三 巷 四 二 號
　　　　　　電　話：(0 2) 2 2 2 6 8 8 5 3

定價：平裝新臺幣四二〇元

中 華 民 國 九 十 五 年 二 月 初 版